零基础学烘焙

HONGBEI ZHIZUO JICHU

烘焙
制作基础

编著 犀文图书

天津出版传媒集团

天津科技翻译出版有限公司

烘焙，又称烘烤，指食物通过干热的方式脱水变干变硬的过程。烘焙食品则是以面粉、油、糖、鸡蛋等主料为基础，添加适量配料，并通过和面、发酵、成型、烘烤等工序制成的口味多样、营养丰富的食品。烘焙食品诞生的时间已经难以考究，但自从电烤箱问世以来，烘焙食品进入了快速发展的"黄金时代"。在许多国家，无论是主食，还是副食，烘焙食品都占有十分重要的位置。

近些年，由于食品安全问题，包括添加一些不规范的添加剂或非法使用添加剂的曝光，让许多家庭在购买烘焙等食品时越来越谨慎，从而将更多的时间投入到厨房亲自制作。同时，随着家用电烤箱在我国逐渐普及，越来越多的家庭"煮妇"被烘焙食品无烟、健康、营养等特点掠取了"芳心"，甚至很多人在第一次接触电烤箱后，就被其"神奇"的工作模式"俘获"，成为烘焙的忠实"粉丝"。

烘焙食品是现代社会的"舶来品"，在制作时同传统的家常食物一样，也需要掌握一定的基础知识和烹饪技巧。为此，我们通过精心地策划，特意制作了这套关于家庭烘焙的丛书——《家庭烘焙坊》。

本套丛书包括《烘焙制作基础》、《饼干挞派制作技法》、《蛋糕制作技法》、《面包制作技法》四册，全面系统、科学合理地为大家讲述适宜家庭操作的饼干、蛋糕、面包、挞派、比萨等烘焙食品的制作方法，介绍详细，制作简单，并配有精美的图片、实用的烘焙要领和家庭烘焙的一些基础知识，让您一学就会。

《烘焙制作基础》是多种烘焙食谱的汇集，包括饼酥、蛋糕、面包、挞派、比萨等，内容详细、编排合理，期望给即将学习烘焙的您带来便利，并让您更好地体验到家庭烘焙的温馨和欢乐。

编者

目录
CONTENTS

第一章 家庭烘焙基础知识

第二章 饼酥

第三章 蛋糕

第四章 面包

第五章 挞派比萨

第一章

家庭烘焙
基础知识

烘焙材料介绍

粉类

高筋面粉：小麦面粉中的蛋白质含量在 12.5% 以上，是制作面包的主要原料之一，在西饼中多用于松饼（千层酥）和奶油空心饼（泡芙），在蛋糕方面主要用于水果蛋糕。

中筋面粉：小麦面粉的蛋白质含量在 9%~12%，多用于中式的馒头、包子、水饺以及部分西饼中，如蛋挞皮和派皮等。

低筋面粉：小麦面粉的蛋白质含量在 7%~9%，为制作蛋糕的主要原料之一，在混酥类西饼中也是主要原料之一。

全麦面粉：小麦粉中包含其外层的麸皮，使其内胚乳和麸皮的比例与原料小麦相同，用来制作全麦面包和小西饼等。

麦片：通常是指燕麦片，烘焙产品中用于制作杂粮面包和小西饼等。

玉米粉：呈小细粒状，由玉米研磨而成，在烘焙产品中用作玉米粉面包和杂粮面包，在大规模制作法式面包时也可将其撒在粉盘上作为整形后面团防黏之用。

可可粉：有高脂、中脂、低脂和经碱处理、未经碱处理等数种，是制作巧克力、蛋糕等品种的常用原料。

其他粉类

玉米淀粉：又称粟粉，溶水加热至 65℃时即开始膨化产生胶凝特性，多数用在派馅的胶冻原料或奶油布丁馅中。还可加入到蛋糕的配方中，可适当降低面粉的筋度。

裸麦粉：是由裸麦磨制而成，因其蛋白质成分与小麦不同，不含有面筋，多与高筋小麦粉混合使用。

小麦胚芽：是小麦在磨粉过程中与本体分离的胚芽部分，用于制作胚芽面包。小麦胚芽中含有丰富的营养成分，尤其适合孩童和老年人食用。

麸皮：是小麦最外层的表皮，多数当做饲料使用，但也可掺在高筋面粉中制作高纤维麸皮面包。

油脂类

白奶油：分含水和不含水两种，是与白油相同的产品，但该油脂精练过程较白油更佳，油质白洁细腻。含水的白奶油多用于制作裱花蛋糕，而不含水的白奶油则多用于奶油蛋糕、奶油霜饰和其他高级西点。

黄油：具有天然纯正的乳香味道，颜色佳，营养价值高，对改善产品的质量有很大的帮助。黄油在蛋糕的制作过程中经常被利用。

酥油：酥油的种类甚多，最好的酥油应属于次级的无水奶油，最普遍使用的酥油则是加工酥油，是利用氢化白油添加黄色素和奶油香料制成的，其颜色和香味近似于真正酥油，可用于任何一种烘焙产品中。

猪油：由猪的脂肪提炼出来的，在烘焙产品中可用于面包、挞派以及各种中西式点心。

液体油：在室内温度（26℃）下呈流质状态的都列为液体油，最常使用的液体油有色拉油、菜籽油和花生油等。花生油广泛适用于广式月饼中，而色拉油则广泛应用于戚风蛋糕、海绵蛋糕中。

蛋奶类

鸡蛋：是制作烘焙食品常用的原料之一，能增加制品营养，增加其色香味，改善内部组织，使产品柔软有弹性，提供乳化作用。

牛奶：为鲜奶，含脂肪3.5%，水分88%，多用于西点中的挞类产品。

炼奶：加糖的浓缩奶，又称炼乳。

奶油：有含水和不含水两种。真正的奶油是从牛奶中提炼出来的，为做高级蛋糕、西点之主要原料。

全脂奶粉：为新鲜奶脱水后的产物，含脂肪26%~28%。

脱脂奶粉：为脱去脂肪的奶粉，在烘焙产品制作中最常用。可取代牛奶，使用时通常以十分之一的脱脂奶粉与十分之九的清水混合。

奶酪：又称芝士，是由牛奶中酪蛋白凝缩而成，用于西点和制作芝士蛋糕。

糖类

粗砂糖：颗粒较粗，可用在面包和西饼类的制作中或撒在饼干表面。

细砂糖：是烘焙食品制作中常用的一种糖，除了少数品种外，其他都适用。

糖粉：分为细砂糖粉和冰糖粉两种，为洁白的粉末状糖类，颗粒非常细，同时有3%~10%的淀粉混合物（一般为玉米粉），有防潮及防止糖粒凝结的作用，一般用于糖霜或奶油霜饰和产品含水较少的品种。

红糖：含有浓馥的糖浆和蜂蜜的香味，在烘焙产品中多用在颜色较深或香味较浓的产品中。

蜂蜜：是蜜蜂从开花植物的花中采得的花蜜在蜂巢中酿制的蜜，富含葡萄糖、果糖、各种维生素、矿物质和氨基酸等营养成分，主要用于蛋糕或小西饼中。

麦芽糖浆：以淀粉为原料，经过液化、糖化、脱色过滤、精致浓缩而成，为双糖，内含麦芽糖和少部分糊精及葡萄糖。

焦糖：细砂糖加热熔化后使之成棕黑色，用于香味或代替色素使用。

葡萄糖浆：是一种以淀粉为原料在酶或酸的作用下产生的淀粉糖浆，含有少量麦芽糖和糊精，可在某些西饼中使用。

其他糖类

翻糖：用转化糖浆再予以搅拌使之凝结成块状，用于蛋糕和西点的表面装饰。

方糖：用细晶粒精制砂糖为原料压制成的半方块状糖品，易溶于水，可在蛋糕中使用。

转化糖浆：是细砂糖加水和加酸煮至一定的时间，在合适温度冷却后制成。此糖浆可长时间保存而不结晶，多数用在中式月饼皮、萨其马等产品中以代替细砂糖。

添加剂

即发干酵母：由新鲜酵母脱水而成，呈颗粒状，使用方便，易储藏。

小苏打：学名碳酸氢钠，化学膨大剂的一种，碱性，常用于酸性较重的蛋糕配方和西饼配方内。

泡打粉：又名发酵粉，化学膨大剂的一种，能广泛使用在各式蛋糕、西饼的配方中。

臭粉：学名碳酸氢氨，化学膨大剂的一种，用在需蓬松较大的西饼之中，面包、蛋糕中几乎不用。

塔塔粉：酸性物质，用来降低鸡蛋白碱性和煮转化糖浆，例如在制作戚风蛋糕打鸡蛋白时就可添加。

蛋粉：为脱水粉状固体，有鸡蛋白粉、鸡蛋黄粉和全蛋粉三种。

面包改良剂：用在面包配方内可促进面包柔软和增加面包烘烤的弹性。

琼脂：由海藻中提制，为胶冻原料，胶性较强，在室温下不易融解。

蛋糕油：是制作海绵类蛋糕不可缺少的一种膏状添加剂，也广泛用于各中西式酥饼中，能起到乳化作用。

杏仁膏：由杏仁核和其他核果配成的膏状原料，常用于装饰烘焙产品。

巧克力：有甜巧克力、苦巧克力及硬质巧克力和软质巧克力之分，巧克力有各种颜色，常用于烘焙产品的装饰。

鱼胶粉：是提取自鱼鳔、鱼皮而加工制成的一种蛋白质凝胶。用途非常广泛，不但可以自制果冻，更是制作慕斯蛋糕等各种甜点不可或缺的原料。

其他添加剂

香精：有油质、酒精、水质、粉状、浓缩和人工合成等区别，浓度和用量均不一样，使用前需看说明再决定。

香料：多数由植物的种子、花、蕾、皮、叶等所研制，作为调味用品具有强烈味道，例如肉桂粉、丁香粉、豆蔻粉和花椒叶等。

吉士粉：也称卡士达粉，是一种预拌粉，在糕点制作中起到提香的作用，并不是必备材料，可用全脂奶粉替代。

5

烘焙工具介绍

基本烘焙工具

烤箱：是烘焙不可缺少的工具，家庭烘焙用的电烤箱需要有上下加热功能，且有温度和时间刻度，容积最好在 13 升以上。

烤盘、烤网、隔热手柄：烤盘可选用玻璃、陶瓷、金属、一次性锡纸烤盘和耐热塑胶烤模；烤网不仅可以用来烤鸡翅、肉串，也可以作为面包、蛋糕的冷却架；隔热手柄（或隔热手套）可以防止拿取烤盘或烤网的时候被烫伤。

打蛋器：无论是打发黄油、鸡蛋还是淡奶油，都需要用到打蛋器，电动、手持式或台式、普通打蛋器均可打蛋。但需要注意，电动打蛋器并不适用于所有场合，比如打发少量的黄油，或者某些不需要打发，只需要把鸡蛋、糖、油混合搅拌的时候，使用手动打蛋器会更加方便快捷。

筛网：用于过筛面粉，可使面粉不结块，并提高面粉的松软度，在搅拌过程中不易形成小疙瘩，确保蛋糕的细腻口感。

橡皮刀：多用于搅拌原料。大部分容器底部有角度，橡皮刀的刀面富有弹性，可轻易将原料刮出并搅拌均匀。

台秤：可以精确到克的弹簧秤或电子秤，可以保证蛋糕基本原料的准确配比。

烘焙纸：一些超市中可买到适合家庭使用的卷状烘焙纸，比如锡纸、油纸等。烤盘垫纸，用来垫在烤盘上防粘。烘烤过程中，食物上色后在表面加盖一层锡纸，可防止水分流失，还可以起到防止上色过深的作用。

冷却架：在烘焙食品冷却时使用，可用烤网替代，或将数根筷子均匀架空，以用来放置成品。

不锈钢盆、玻璃碗：打蛋用的不锈钢盆或大玻璃碗最好准备两个以上，还需要准备一些小碗来盛放各种原料。

蛋糕抹刀：制作裱花蛋糕的时候，用来抹平蛋糕上的奶油。

裱花嘴、裱花袋：可以用来裱花，制作曲奇、泡芙的时候也可以用来挤出花色面糊。不同的裱花嘴可以挤出不同的花型，可以根据需要购买单个的裱花嘴，也可以购买一整套。

擀面杖：擀面杖是一种用来压制面条的工具，多为木制，用其捻压面饼，直至压薄。

吐司模：是制作吐司的必备工具，家庭制作可购买 450 克规格的吐司模。

圆形切模：一套大小不一的切模，可以切出圆形的面片。除了这种圆形的切模，还有菊花形的切模。

挞模、派盘：制作派、挞类点心的必要工具，规格很多，可以根据需要购买。

其他工具

量勺：用于精确称量较少的原料，通常一套 4 把，其规格为 1/4 茶匙（1 克）、1/2 茶匙（3 克）、1 茶匙（5 克）和 1 汤匙（15 克）。

蛋糕纸杯：用来制作小蛋糕，有很多种大小和花色可供选择，可以根据自己的爱好来购买。

毛刷：一些点心与面包为了上色漂亮，都需要在烘烤之前在表层刷一层刷液。

各种刀具：粗锯齿刀用来切吐司，细锯齿刀用来切蛋糕，一般的中片刀可以用来分割面团，小抹刀用来涂馅料和果酱，水果刀用来处理各种作为烘焙原料的新鲜水果。

布丁模、小蛋糕模：用来制作各种布丁、小蛋糕等。这类小模具款式多样，可以根据自己的爱好选择购买。

面包机：家庭制作面包，也可选择面包机，但面包机直接烘烤出来的面包口味不如电烤箱的正宗，所以最好只把它当成揉面的工具。不过面包机功率低，揉面效率低，需要较长的时间才能将面揉好，而且揉面时产生的热量散发不出去，会导致面团的温度过高。

电烤箱的选购

　　烤箱是一种密封的用来烤食物或烘干产品的电器，分为家用烤箱和工业烤箱。烤箱有上下两组加热管，并且上下加热管可同时加热，也可以单开上火或者下火加热，能调节温度，具有定时功能，内部至少分为两层（三层或以上更佳）。家用烤箱可以用来制作面包、比萨、蛋挞、小饼干等面食，还可烘烤一些肉食，如鸡肉、牛排等。

　　电烤箱的特点是结构简单，使用和维修方便。在购买家用烤箱时，选择一台基本功能齐全的就可以满足需求。

类型选购

　　简易电烤箱能自动控温，价格较便宜，但烤制时间要由人工控制，适合一般家庭需要。若选择温度、时间和功率都能自控的高级家用电烤箱，不但在使用上方便得多，也安全可靠。

功率选择

　　电烤箱功率一般在 500 ~ 1200 瓦，如果家庭成员少且不经常烤制食品，可选择 500 ~ 800 瓦；若家庭成员多，又经常烤制大件食物，应选择 800 ~ 1200 瓦。

选购注意事项

　　1. 外观检查：烤漆应均匀、色泽光亮、无脱落、无凹痕或严重划伤等，箱门开关灵活、严实、无缝隙，窗玻璃透明度好；各种开关、旋钮造型美观，加工精细；刻度盘字迹清晰，便于操作；假冒伪劣产品往往采用冒牌商标和包装，或将组装品冒充进口原装品，其箱体凸凹不平、有锈斑、外观粗糙、各种开关不灵活、功能效果不明显，通电后升温缓慢，达不到标准要求。

　　检查随机附件是否齐全，如柄叉、烤盘、烤网等；电源插头接线要牢固，接地线完好并无接触不良现象。

　　2. 通电试验：先看指示灯是否点亮，变换功率选择开关位置，观察上、下发热组件是否工作正常。

　　3. 恒温性能检查：可将温度调到 200℃，双管同时工作 20 分钟左右，烤箱内温应达到 200℃。然后烤箱能自动断电，指示灯熄灭。若达到如上要求，说明其恒温性能良好，否则为不正常。

电烤箱使用指南

电烤箱预热

在烘烤任何食物前，烤箱都需先预热至指定温度，才能让烤箱将食物充分烘烤，食物才更美味；电烤箱预热时间一般需约 10 分钟，若将烤箱预热空烤太久，有可能会影响烤箱的使用寿命。

烘烤高度

用烤箱烤东西，基本上在预热后把食物放进去就可以了。食谱上未特别注明上下火温度的，将烤盘置于电烤箱中层即可；若上火温度高而下火温度低时，除非烤箱的上下火可单独调温，不然此时通常都是将上下火的温度相加除以二，然后将烤盘置于上层即可，但烘烤过程中仍需随时留意食物表面是否过焦。

食物过焦时的处理

体积较小的烤箱较容易发生过焦的情况，此时可以在食物上盖一层锡纸，或稍打开烤箱门散热一下。体积大的烤箱因空间足够大且能控温，除非炉温过高、离上火太近或烤得太久，一般比较少出现烤焦的情况。

特别注意

在开始使用烤箱时，应先将温度、上火、下火以及上下火调整好，然后顺时针拧动定时旋钮，注意千万不要逆时针拧；此时电源指示灯发亮，证明烤箱在工作状态。在使用过程中，假如我们设定 30 分钟烤食物，但是通过观察，20 分钟食物就烤好，这个时候不要逆时针拧时间旋钮，只要把三个旋钮中间的火位档，调整到关闭就可以了，这样可以延长机器的使用寿命。

炉温不均时的处理

烤箱虽可控温，但是在烘焙时仍要小心注意炉温的变化，适时将点心换边、移位或者降温，以免蛋糕或面包等点心两侧膨胀、高度不均，或者发生有的过熟、有的未熟等情形。

避免烫伤

正在加热中的烤箱除了内部的高温处，外壳以及玻璃门也很烫，所以在开启或关闭烤箱门时要小心，以免被烫伤。

烘焙专业术语一览

成品名称的名词

慕斯	是英文 mousse 的译音，一种松软形甜食，是将鸡蛋、奶油分别打发充气后，与其他调味品调合而成，或将打发的奶油拌入馅料和明胶水制成
泡芙	是英文 puff 的译音，也称空心饼、气鼓等，是以水或牛奶加黄油煮沸后烫制面粉，再搅入鸡蛋，通过挤糊、烘烤、填馅料等工艺而制成的一类点心
曲奇	是英文 cookits 的译音，是以黄油、面粉加糖等主料经搅拌、挤制、烘烤而成的一种酥松的饼干
布丁	是英文 pudding 的译音，是以黄油、鸡蛋、细砂糖、牛奶等为主要原料，配以各种辅料，通过蒸或烤制而成的一类柔软的点心
派	是英文 pie 的译音，是一种油酥面饼，内含水果或馅料，常用原形模具做坯模。按口味分有甜咸两种，按外形分有单层皮派和双层皮派
挞	是英文 tart 的译音，是以油酥面团为坯料，借助模具，通过制坯、烘烤、装饰等工艺而制成的内盛水果或馅料的一类较小型的点心，其形状可因模具的变化而变化
比萨	是意大利文 pizza 的译音，是一种发源于意大利的食品，通常做法是在发酵的圆面饼上面覆盖西红柿酱、奶酪和其他配料，并由烤炉烤制而成

操作专业术语

化学起泡	是以化学蓬松剂为原料，使制品体积膨大的一种方法，常用的化学蓬松剂有碳酸氢铵、碳酸氢钠和泡打粉
生物起泡	是利用酵母等微生物的作用，使制品体积膨大的方法
机械起泡	利用机械的快速搅拌，使制品充气而达到体积膨大的方法
打发	是指将材料以打蛋器用力搅拌，使大量空气进入材料中，在加热过程当中使成品膨胀，口感更为绵软，如打发鸡蛋白、全蛋、黄油、鲜奶油等
湿性发泡	鸡蛋白或鲜奶油打起粗泡后加糖搅打至有纹路且雪白光滑，拉起打蛋器时有弹性挺立但尾端稍弯曲
干性发泡	鸡蛋白或鲜奶油打起粗泡后加糖搅打至纹路明显且雪白光滑，拉起打蛋器时有弹性而尾端挺直

清打法	又称分蛋法，是指将鸡蛋白与鸡蛋黄分别抽打，待打发后，再合为一体的方法
混打法	又称全蛋法，是指鸡蛋白、鸡蛋黄与细砂糖一起抽打起发的方法
跑油	多指清酥面坯的制作及面坯中的油脂从水面皮层溢出
面粉的"熟化"	是指面粉在储存期间，空气中的氧气自动氧化面粉中的色素，并使面粉中的还原性氢团——硫氢键转化为双硫键，从而使面粉色泽变白，物理性能发生变化
烘焙百分比	是以点心配方中面粉重量为 100%，其他各种原料的百分比是相对等于面粉的多少而言的，这种百分比的总量超过 100%
过筛	以筛网过滤面粉、糖粉、可可粉等粉类，以免粉类有结块现象，但需注意的是，过筛只能用在很细的粉类材料中，像是全麦面粉这种比较粗的粉类不需要过筛
隔水溶化	将材料放在小一点的器皿中，再将器皿放在一个大一点的盛了热水的器皿中，隔水加热，一般用在不能直接放在火中加热溶化的材料中，像巧克力、鱼胶粉等材料
隔水打发	全蛋打发时，因为鸡蛋黄热后可减低其稠性，增加其乳化液的形成，加速与鸡蛋白、空气拌和，使其更容易起泡而膨胀，所以要隔热水打发，而动物性鲜奶油在打发时，在下面放一盆冰隔水打发，则更容易打发
隔水烘焙或水浴	一般用在奶酪蛋糕的烘烤过程中，将奶酪蛋糕放在烤箱中烘烤时，要在烤盘中加入热水，再将蛋糕模具放在加了热水的烤盘中隔水烘烤
面团饧发	蛋挞皮、油皮、油酥、面团因搓揉过后有筋性产生，经静置饧发后再擀卷更易操作，不会收缩
倒扣脱模	一般用在戚风蛋糕中，烤好的戚风蛋糕从烤箱中取出，应马上倒扣在烤网上放凉后脱模，因戚风蛋糕容易回缩，所以倒扣放凉后再脱模，可以减轻回缩
烤模刷油、撒粉	在模型中均匀刷上黄油，或再撒上面粉，可以使烤好的蛋糕更容易脱模，但要注意，戚风蛋糕可以刷油、撒粉
室温软化	黄油因熔点低，一般冷藏保存，使用时需取出放于常温下软化，若急于软化，可将黄油切成小块或隔水加热，黄油软化至手指可轻压陷即可，且不可全部熔化

面团制作

冷水面团

　　冷水面团又称死面，是指没有经过发酵的面，在面粉内加入适当比例的冷水，依照个人需要揉成各种不同质感的面团。冷水面团适合做煮、烙、煎、炸等食物，如水饺、面条、锅贴等，还可以调制出软硬程度不同的面糊，用来做春卷皮、面鱼等，使用最多的是各种面条。

　　冷水面团一般加水量在 30%~50%，调好的面团饧发 15~20 分钟后可以直接使用。

材料

　　面粉 300 克，水 150 毫升，盐适量。

制作方法

1. 面粉倒入盆内，加一小勺盐，慢慢淋入冷水。
2. 用筷子拌匀。
3. 用手揉成面团。
4. 盖上保鲜膜，放置 20 分钟待饧发，揉光滑即可。

发面面团

　　发面的目的是使面团膨胀、使面筋软化，获得特殊的风味并便于成型。发面时要借助酵母达到使面团松软的发酵效果。制作面包、馒头、包子等都需要发面。

　　发酵时，面团发酵到原体积的 2~3 倍即可，从和面到发酵成功一般需要 2~3 个小时，当然这不是绝对的，要根据环境温度以及面粉的多少来决定。

材料

　　面粉 500 克，水 250 毫升，酵母 10 克。

制作方法

1. 往酵母中加入温水，稀释酵母。
2. 将稀释后的酵母水慢慢倒入面粉中，切记不要一次性加足水。
3. 用筷子搅成雪花状，如果需要稍微软的面团，可以再适当多加一些水。
4. 揉成面团，等待发酵，盖上保鲜膜放置于温暖处大概 3 个小时，体积膨胀到原来的 2 ~ 3 倍，表面会出现小孔。
5. 将面团揉至光滑即可。

　　注：发酵以后面团内部会有很多孔，所以要用比较长的时间揉面团，争取把面团里的孔揉至消失。

烫面面团

烫面面团是用很烫的水和成的面团，分为半烫面面团和全烫面面团。烫面面团的筋性与加水温度有关，加入沸水的比例越大，和成的面团就越软，而成品越硬。

半烫面面团是冲入沸水后快速搅匀，再立刻冲入冷水揉成的面团，适合做蒸饺、煎包、烧卖等。全烫面面团所加的水全部为沸水，适合做虾饺等蒸品，不适合煎、烤、烙。

材料

面粉 300 克，沸水 150 毫升，冷水 50 毫升。

制作方法

1. 将面粉放入盆中，冲入沸水，用筷子快速搅成雪花状。

2. 再加入冷水（如果只加开水面团会变硬，冷水太多则达不到效果，除了沸水和冷水外，有时制作烫面时还要加一点油脂，以增加口感上的滋润和香酥感），用筷子搅拌均匀，并揉成光滑、不粘手的面团，盖上保鲜膜，饧发 20 ~ 30 分钟即可。

油酥面团

油酥面团是用油和面粉作为主要原料调制而成的面团，常做的品种有黄桥烧饼、花式酥点、千层酥、方式月饼、杏仁酥等。

材料

A：面粉 250 克，温水 100 毫升，食用油 50 毫升，盐 5 克。
B：面粉 120 克，猪油（香油也可以）50 克。

制作方法

1. 面粉加入温水、食用油和盐拌匀即为水油面团，饧发 10 分钟。
2. 面粉加入猪油或香油，将猪油与面粉揉匀，即成油面团。
3. 将水油面团与油面团各分成若干相等大小的剂子，每份水油面团压扁后包入一份油面团，捏紧。
4. 擀成椭圆形长片，然后卷成筒状再擀，重复三次，再擀成自己需要的形状即可。

蛋白打发

蛋白打发是烘焙的基础之一。打发鸡蛋白时，需要分离鸡蛋白与鸡蛋黄，可用针在蛋壳的两端各扎1个孔，鸡蛋白会从孔流出来；也可用纸卷成漏斗，漏斗口下面放只杯子或碗，把蛋打开倒进纸漏斗里，鸡蛋白顺着漏斗流入容器内，而鸡蛋黄则会整个留在漏斗里。市面上有专用的分蛋器，亦可以用来分离鸡蛋黄及鸡蛋白。

蛋白打发

材料：

鸡蛋白2个，细砂糖20克。

制作方法：

1. 将鸡蛋白置于搅拌盆中，可用手提电动搅拌器或直立式打蛋器搅拌，先以中低速至中速搅拌，鸡蛋白开始呈泡沫状，体积变大、全是大泡时，第一次加入细砂糖（细砂糖总量的1/3）。

2. 用直线打、转着圈打的方法继续搅打，让打蛋器浸入到鸡蛋白中。当鸡蛋白体积越来越大，气泡变得更为细致且不再柔软时，提起打蛋器；若可以看到鸡蛋白开始堆积，则继续搅打，当鸡蛋白堆积得越来越多，把打蛋器放入鸡蛋白糊中，再轻轻地拉起来。可以带出长长的鸡蛋白糊时，加入剩下细砂糖的一半（第二次加糖）。

3. 细砂糖加入后继续搅打，泡泡体积会越来越大，表示细砂糖逐渐溶解、被吸收。

4. 继续搅打，并不时拉起打蛋器，看到打蛋器带起的鸡蛋白糊会逐渐变短、盆里的鸡蛋白糊也开始慢慢有直立的倾向，尖端下垂，有明显的弯钩时，加入剩余的细砂糖（第三次加糖）。

5. 继续搅打，直至鸡蛋白开始变得更"硬"（尖端更为直立）为止。

蛋白打发注意事项

鸡蛋白要打得好一定要用干净的容器，最好是不锈钢的打蛋盆，容器中不能沾油和水，鸡蛋白中不能夹有鸡蛋黄，否则就打不出好的蛋白。

细砂糖在打发鸡蛋白的过程中起阻碍作用，令鸡蛋白不容易起泡。但是，它可以使打好的泡沫更稳定，不加细砂糖打发的鸡蛋白很容易消泡。所以，细砂糖要分次加入，一下子加入大量细砂糖会增加打发的难度。打发鸡蛋白不一定非要用细砂糖，红糖或者木糖醇之类也可以。

将鸡蛋白打至起泡后才能慢慢加糖，如果事先就将糖放入会很难打好鸡蛋白，而且要将每一个地方都打得均匀，做出的西点才会漂亮可口，蛋糕的质地也才会细致。

全蛋打发

全蛋因为含有鸡蛋黄的油脂成分，会阻碍蛋白打发，但因为鸡蛋黄除了油脂还含有卵磷脂及胆固醇等乳化剂，在鸡蛋黄与鸡蛋白为 1：2 比例时，鸡蛋黄的乳化作用增加，并很容易与鸡蛋白和包入的空气形成黏稠的乳状泡沫，所以仍旧可以打发出细致的泡沫，是海绵蛋糕的主要做法之一。

1. 拌匀加温

全蛋打发时因为鸡蛋黄含有油脂，所以在速度上不如蛋白打发迅速，若是在打发之前先将鸡蛋液稍微加温至 38℃至 43℃，即可减低鸡蛋黄的黏稠度，并加速蛋的起泡性。此时要将细砂糖与全蛋混合拌匀，再置于炉火上加温，加热时必须不断用打蛋器搅拌，以防材料受热不均。

2. 泡沫细致

开始用打蛋器不断快速拌打至鸡蛋液开始泛白，泡沫开始由粗大变得细致，而且鸡蛋液体积也变大，以打蛋器捞起泡沫，泡沫仍会滴流而下。

3. 打发完成

慢速再搅打片刻之后，泡沫颜色将呈现泛白乳黄色，且泡沫亦达到均匀细致、光滑稳定的状态，以打蛋器或橡皮刮刀捞起，泡沫稠度较大而缓缓流下，此时即表示打发完成，可以准备加入过筛面粉及其他材料拌匀成面糊。

黄油打发

黄油的熔点大约在 30℃左右，视制作时的不同需求，则有软化奶油或将奶油完全熔化两种不同的处理方法。如面糊类蛋糕就必须借由奶油打发拌入空气来软化蛋糕的口感以及膨胀体积；制作馅料时，则大部分都要将奶油熔化，再加入材料中拌匀。

1. 奶油回温

奶油冷藏或冷却后，质地都会变硬。退冰软化的方法就是取出置放于室温下待其软化，至于需要多久时间则不一定，视奶油先前是冷藏或冷却、分量多少以及当时的气温而定，奶油只要软化至用手指稍使力按压，可以轻易被手压出凹陷的程度即可。

2. 与糖调匀

用打蛋器将奶油打发至体积膨大，颜色泛白，再将糖加入奶油中，继续用打蛋器搅打至糖完全溶化。

3. 打发完成

完成后的面糊应成光滑细致状，颜色淡黄，用打蛋器将其举起，奶油面糊不会滴下。

鲜奶油打发

鲜奶油是用来装饰蛋糕与制作慕斯类甜点不可缺少的材料，因其具有较高的乳脂含量，搅打时可以包入大量空气而使体积膨胀至原来的数倍，打发至不同的软硬度就具有不同的用途。

1. 六分发

用打蛋器搅打数分钟后，鲜奶油会膨发至原体积的数倍，而且松弛成具浓厚流质感的黏稠液体，此即所谓的六分发，适合用来制作慕斯、冰淇淋等甜点。

2. 九分发

如果是手动操作打发鲜奶油，要打至九分发需要极大的手劲及耐力，因为鲜奶油会愈来愈浓稠，体积也愈大，最后会完全成为固体状，若用刮刀刮取鲜奶油，完全不会流动，此即所谓的九分发，只适合用来制作装饰挤花。

很多新手对各种奶油的打发及用途比较迷惑，其实很容易区分，鲜奶油分为动物性鲜奶油及植物性鲜奶油。

一般蛋糕都是用植脂奶油也就是植物性奶油来裱花的，容易打发，也好保存。植物性鲜奶油具备超强的打发量，可轻松打至九分发，常用于装饰，如鲜奶裱花蛋糕等。

将未打发的奶油放于2℃~7℃冷藏柜内24~48小时，待完全解冻后取出。奶油打发前的温度不应高于10℃，低于7℃会影响奶油的稳定性和打发量。

轻轻摇匀奶油后，倒入搅拌缸内此液体奶油温度要求在7℃~10℃，容量在搅拌缸的10%~25%。用中速或高速打发(160~260转/分)即可，直至光泽消失、软峰出现。

动物性鲜奶油乳脂含量较高，适合打至六分发，用于慕斯、芝士蛋糕、冰淇淋、面包等的制作。

动物性奶油比较难打发，乳脂含量越高则相对较容易些(如安佳、欧登堡)，但容易打发过头，打发时需特别注意，掌握合适的度。一旦打发过度，颜色变黄且粗糙，甚至水乳分离，就不能使用了。

打发前将淡奶油冷藏24小时以上，用时取出，充分摇匀后倒出打发即可。加入适量细砂糖能帮助淡奶油打发。动物性淡奶油熔点较低易熔化，室温高的时候，打发时需要在容器底部垫冰块，目的是为了使鲜奶油保持低温状态以帮助打发，冬季时则可省略。

第二章

饼 酥

饼干小课堂

饼干及其分类

饼干是一种口感酥松或松脆的食品,以面粉为主要原料,加入(或不加入)糖、油脂及其他原料,经调粉(或调浆)、成型、烘烤等工艺制成。根据配方和生产工艺的不同,饼干大致可分为11类:

酥性饼干	是以小麦粉、糖、油脂为主要原料,加入膨松剂和其他辅料,经冷粉工艺调粉、辊压、辊印或者冲、烘烤制成的造型多为凸花的、断面结构呈现多孔状组织、口感疏松的烘焙食品
韧性饼干	是以小麦粉、糖、油脂为主要原料,加入膨松剂、改良剂与其他辅料,经热粉工艺调粉、辊压、辊切或冲印、烘烤制成的图形多为凹花,外观光滑,表面平整,有针眼,断面有层次,口感松脆的焙烤食品
发酵(苏打)饼	是以小麦粉、糖、油脂为主要原料,酵母为膨松剂,加入各种辅料,经发酵、调粉、辊压、叠层、烘烤制成的松脆、具有发酵制品特有香味的焙烤食品
薄脆饼干	是以小麦粉、糖、油脂为主要原料,加入调味品等辅料,经调粉、成型、烘烤制成的薄脆焙烤食品
曲奇饼干	是以小麦粉、糖、乳制品为主要原料,加入膨松剂和其他辅料,以和面,采用挤注、挤条、钢丝节割等方法烘烤制成的具有立体花纹或表面有规则波纹、含油脂高的酥化焙烤食品
夹心饼干	是在两块饼干之间添加糖、油脂或果酱等各种夹心料的夹心焙烤食品
威化饼干	是以小麦粉(糯米粉)、淀粉为主要原料,加入乳化剂、膨松剂等辅料,以调粉、浇注、烘烤而制成的松脆型焙烤食品
蛋圆饼干	是以小麦粉、糖、鸡蛋为主要原料,加入膨松剂、香精等辅料,以搅打、调浆、浇注、烘烤而制成的松脆焙烤食品,俗称蛋基饼干
蛋卷	是以小麦粉、糖、鸡蛋为主要原料,加入膨松剂、香精等辅料,以搅打、调浆(发酵或不发酵)、浇注或挂浆、烘烤卷制而成的松脆焙烤食品
黏花饼干	是以小麦粉、糖、油脂为主要原料,加入乳制品、蛋制品、膨松剂、香料等辅料,经和面、成型、烘烤、冷却、表面裱花粘糖花、干燥制成的疏松焙烤食品
水泡饼干	是以小麦粉、糖、鸡蛋为主要原料,加入膨松剂,经调粉、多次辊压、成型、沸水烫漂、冷水浸泡、烘烤制成的具有浓郁香味的疏松焙烤食品

烘焙饼干的注意事项

饼干是家庭中最简单的烘焙食品，但并不意味着每个人都能轻松学会并掌握。只有掌握一些烘焙常识，才能事半功倍，做出美味可口的饼干。

1. 烤箱要预热

烤箱在烘烤之前，要提前将温度旋钮调至需要的温度。烤箱预热，可使饼干胚子迅速定型，并保持较好的口感。烤箱的容积越大，所需的预热时间就越长，通常需 5 ~ 10 分钟。

2. 粉类要过筛

面粉具有吸湿性，放置时间过长会吸附空气中的水分而产生结块，所以要过筛去除结块，避免其和液体材料混合时出现小疙瘩。同时，过筛还能使面粉更蓬松，容易跟其他材料混合均匀。除了面粉，泡打粉、玉米粉、可可粉等干粉状的材料都要过筛。过筛时，可将需要混合的粉类混合在一起倒入筛网。

3. 材料提前恢复至室温

制作烘焙食品时，有一些材料需要提前恢复至室温，最常见的是黄油。黄油通常放置在冰箱中存放，质地较硬，需提前 1 小时左右将其取出，放在室温中让其恢复，再操作将比较容易和有效。鸡蛋通常也需提前 1 小时左右从冰箱取出，恢复室温的鸡蛋在跟黄油等材料混合时将更均匀和充分。奶油、奶酪等材料也需要提前从冰箱取出，在室温下放置。

4. 少量多次加鸡蛋液使油水不分离

有些材料需要少量多次与其他材料混合，比如在黄油和糖混合打发之后，鸡蛋需先打散成鸡蛋液后再分 2 ~ 4 次加入，而且每加入一次都要使鸡蛋液被黄油吸收完全后再加入下一次。因为一个鸡蛋里大约含有 74% 的水分，如果将所有的鸡蛋液一次全部倒入奶油糊里，油脂和水分不容易结合，容易造成油水分离，搅拌会非常吃力，而且材料分次加入烘烤出来的成品口感会更加细致美味。

5. 排放有间隔

很多饼干烘烤后体积都会膨大，所以，在烤盘中码放时注意饼干之间要留一些空隙，以免烤完后相互粘连影响外观。同时，留有空隙还能使烘烤火候比较均匀，如果太密集，则烘烤的时间要加长，烘烤的效果也会受影响。

6. 薄厚、大小均一

在饼干的制作中，尽量做到每块饼干的薄厚、大小均匀。这样在烘烤时，才不会有的糊了，有的还没上一点颜色。

蜂蜜西饼

第一章
家庭烘焙基础知识

第二章
饼酥

第三章
蛋糕

第四章
面包

第五章
挞派比萨

原料：

饼体：低筋面粉 280 克，白奶油 250 克，糖粉 150 克，鸡蛋白 20 克，花生粉 30 克，奶香粉 2 克

馅料：低筋面粉 30 克，花生粉 120 克，白奶油 125 克，细砂糖 50 克，鸡蛋 120 克，蜂蜜 50 克，花生碎适量

制作方法

1. 将饼体材料中的白奶油、糖粉混合，搅拌均匀。

2. 分次加入鸡蛋白，拌匀。

3. 加入低筋面粉、花生粉、奶香粉，搅拌至完全混合，揉成面团。

4. 面团拌好后稍饧发 5 分钟。

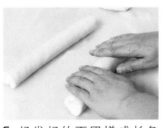

5. 饧发好的面团搓成长条状，放入冷柜冷藏。

6. 取出冷却好的面团，切成 3 毫米厚的薄片状。

7. 将薄片排放于耐高温布上备用。

8. 将馅料部分的白奶油、细砂糖拌好，然后加入鸡蛋打匀，并加入蜂蜜、低筋面粉、花生粉、花生碎，拌成馅料。

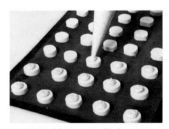

9. 将馅料装入花袋中，然后挤在饼坯表面。

10. 把饼坯放入烤箱，用上火 160℃、下火 140℃的温度烘烤 30 分钟即可。

家庭烘焙要领

加馅时不要过多。花生粉可以自己制作，将花生炒熟后晾凉并搓掉红衣，用干磨机打磨成细粉即可；如果没有干磨机，也可以把炒熟的花生晾凉后搓掉红衣，用擀面杖擀压细碎。

21

老婆饼

原料：

水油皮：中筋面粉100克，细砂糖15克，水45毫升，全蛋液10毫升，猪油10克

油　酥：中筋面粉80克，猪油50克

糯米馅：糯米粉70克，细砂糖70克，水110毫升，熟白芝麻30克，猪油35克

表面装饰：全蛋液、芝麻各适量

 ## 制作方法

1. 糯米馅：将水、细砂糖、猪油倒入锅里，大火煮沸，转小火。

2. 倒入糯米粉，快速搅匀，使糯米粉和水完全混合成为黏稠的馅状，熄火，加入熟白芝麻，搅匀。

3. 将拌好的馅平铺在盘子里，放入冰箱冷藏1小时至不粘手，取出平均分成16份。

4. 水油皮：把面粉、细砂糖、全蛋液、猪油、水混合均匀，揉成光滑柔软的面团。

5. 将面团分成16份，分别揉成圆球，静置饧发30分钟（为防止面团表面变干，静置时需要盖上保鲜膜或湿布）。

6. 油酥：把面粉和猪油混合并不断揉搓，直至成团，分成16份。

7. 取一块静置好的水油皮面团，按扁成为圆形。

8. 将油酥面团放在水油皮面团中心，包起来，收口朝下放置，用擀面杖擀呈长椭圆形，从上向下卷起来。

9. 卷好的面团旋转90度，再次擀开呈更长的椭圆形。

10. 再次从上向下卷起来，同理，全部卷好后，盖上湿布或保鲜膜，静置饧发15分钟。

11. 取一块静置饧发好的面团，擀开呈圆形，将一块糯米馅放在面团中央，包起来。

12. 包好后，收口朝下，擀成圆饼状，放在烤盘上，表面刷上一层全蛋液，撒上一些芝麻。

13. 用刀在面皮表面划些口子，再静置15分钟，放入预热200℃的烤箱中，烤15分钟，至表面金黄即可。

在面皮上划口子，是为了烘烤时让内部的热气能够释放出去，否则，烤的时候馅料容易爆出。

老婆饼刚出烤箱时非常酥脆，密封保存一天之后，外皮吸收馅料的水分，口感就会变得松软。

家庭烘焙要领

瓜子饼

原料

猪油 100 克，牛油 70 克，细砂糖 300 克，鸡蛋 70 克，低筋面粉 500 克，奶粉 50 克，小苏打 4 克，牛奶 60 毫升，臭粉 9 克，黄色素水、葵瓜子仁各适量

制作方法

1. 将猪油、牛油、细砂糖混合，搅拌均匀。
2. 然后将鸡蛋加入，并打散拌匀。
3. 再加入低筋面粉、奶粉、小苏打、牛奶、臭粉、黄色素水，搅拌均匀。
4. 将步骤 3 中的材料搅拌成为面团。
5. 面团微饧发约 5 分钟，揉搓均匀并用擀面杖擀平。
6. 用圆形食品模具压成型。
7. 将葵瓜子仁均匀地撒在饼胚上，用手指轻压以防掉落。
8. 将粘好葵瓜子仁的饼胚整齐地摆放在烤盘内，入烤箱以上火、下火的温度烘烤 18 分钟，熟透后出烤箱即可。

> **家庭烘焙要领**
>
> 葵瓜子宜现用现买，选购新鲜产品。存放过久的葵瓜子仁，其中的油脂在氧化后会影响人体细胞正常的新陈代谢，从而造成衰老、癌变等危害。
>
> 烤好饼后马上取出烤盘，趁热用耐热的塑胶刮板把饼从烤盘上刮下来，放凉 30 分钟即可食用。

鸡仔饼

 原料：

皮材料： 面粉 100 克，糖浆 30 克，食用油 10 克，糖 10 克，碱水 2 毫升

馅材料： 肥肉 100 克，腰果 20 克，芝麻 20 克，潮州粉 4 克，南乳 3 块，糖粉 60 克，盐 3 克，白酒 5 毫升，食用油 20 克，五香粉 7 克，鸡蛋液适量

制作方法

1. 皮的制作：面粉过筛，放入盆中，然后开窝。

2. 在窝中放入糖浆、糖、碱水、食用油，和匀，拌入面粉，揉搓至纯滑。

3. 将拌好的面团静置 10 ~ 15 分钟，即成饼皮材料。

4. 馅的制作：把肥肉洗干净，然后切成碎粒。

5. 肥肉粒放入碗中，加入白酒、糖，搅拌均匀，放入冰箱腌制一个星期。

6. 取出肥肉粒，将过筛的糖粉拌入肉中，搅拌均匀，成为冰肉。

7. 再加入腰果、芝麻、盐和五香粉，搅拌和匀。

8. 将食用油炸熟后拌入肉中，并加入潮州粉、南乳，搅拌均匀成馅料。

9. 将饼皮材料揉搓成长面柱，然后用切刀分成若干每个约 30 克的小面团。

10. 把小面团擀成圆形面团。

11. 包入馅料，然后搓圆，压扁，放入铺有烘焙油纸的烤盘内。

12. 在饼胚表面扫上鸡蛋液，入烤箱，以上火 200℃、下火 180℃ 的温度烘烤至半熟，然后改用上火 150℃、下火 150℃ 的炉温烘烤至熟透，约 10 分钟即可。

> **家庭烘焙要领**
>
> 鸡仔饼原名"小凤饼"，是广州名饼，创制于清咸丰年间，制法讲究，甜中带咸、甘香酥脆，因其异味香脆而广受青睐。
>
> 做鸡仔饼的关键也是耗时最长的步骤是制作冰肉，即猪肥肉加糖和高度白酒拌匀，放入冰箱冷藏 1 ~ 2 周，中途需要多搅拌。

芝麻饼

原料

猪油 100 克，牛油 70 克，细砂糖 300 克，鸡蛋 70 克，低筋面粉 500 克，奶粉 50 克，小苏打 4 克，牛奶 60 毫升，臭粉 9 克，黄色素水、白芝麻各适量

1. 将猪油、牛油、细砂糖混合，搅拌均匀。
2. 将鸡蛋加入，并打散拌匀。
3. 加入低筋面粉、奶粉、小苏打、牛奶、臭粉、黄色素水，搅拌均匀。
4. 将步骤 3 中的材料搅拌成为面团。
5. 面团微饧发约 5 分钟，揉搓均匀并用擀面杖擀平。
6. 用圆形食品模具压成型。
7. 将芝麻均匀地撒在饼胚上，用手指轻压防掉落。
8. 将粘好芝麻的饼胚整齐地排放在烤盘内，入烤箱，并以上火 120℃、下火 160℃的温度烘烤 18 分钟，熟透后出烤箱即可。

> 制作过程中要多搅拌，搅拌时不要过度，均匀即可。成品容易上色，烘烤时要注意掌控火候，以免表面烧焦。
>
> 贮存芝麻的容器密封性要好，其次要放在阴凉干燥的地方，并且避免阳光直射，如将芝麻炒熟晾干则更易存放。

家庭烘焙要领

伯爵饼干

原料：

低筋面粉 100 克，鸡蛋 20 克，杏仁粉 15 克，黄油 80 克，糖粉 50 克，伯爵红茶茶包 1 份，伯爵茶汁 5 毫升，盐 2 克

制作方法

1. 将伯爵红茶用 100 毫升开水冲泡 1 分钟，捞出茶包，将茶包与茶汁冷却备用。

2. 把杏仁粉与糖粉混合，然后放入研磨杯，研磨 2 分钟，过筛。

3. 黄油切成小丁，让其软化，倒入盐、混合过筛的杏仁粉与糖粉，用打蛋器搅拌均匀至糖与黄油完全混合。

4. 将鸡蛋液加入到黄油中，然后用打蛋器搅拌均匀。

5. 将冷却后的茶包撕开，取茶渣加入黄油中，用打蛋器搅拌，使得茶渣和黄油混合均匀。

6. 倒入 1 小勺冷却后的茶汁，搅拌均匀，加入过筛的面粉。

7. 用橡皮刮刀从底部往上翻拌，使面粉和黄油混合均匀，拌至没有干粉即可。

8. 将面糊冷藏 1 小时，然后取出。

9. 冷藏的面糊变硬，将其搓成条状，用保鲜膜包上，然后压扁。

10. 把包好的面团放进冰箱冷却 0.5 ~ 1 小时，直到变得坚硬。

11. 取出冷却面团，撕去保鲜膜，将其分切成片状。

12. 预先在烤盘中放上耐高温布，将切好的饼胚摆放好。

13. 将烤盘放入预热好的烤箱，190℃烘烤 12 分钟左右，烤到表面金黄色即可。

家庭烘焙要领

伯爵茶在很多超市特别是进口食品店都可以买到。杏仁粉的颗粒比较粗，如果细点可使饼干口感更细腻。杏仁粉油脂含量高，直接打磨会成浆糊，和糖粉一起研磨可以防止出现这种情况。

俄罗斯西饼

原料

皮： 低筋面粉 375 克，奶油 250 克，糖粉 250 克，咖啡粉 5 克，水 10 毫升，盐 2.5 克，鸡蛋 125 克，奶香粉 4 克

馅： 奶油 125 克，细砂糖 160 克，葡萄糖 150 克，杏仁片 175 克

制作方法

1. 馅制作：把饼馅材料中的奶油、细砂糖、葡萄糖隔水加热，使其溶解。

2. 加入切碎的杏仁片，搅拌至完全混合，制成馅料备用。

3. 皮制作：将皮材料中的咖啡粉、水、盐混合一起，搅拌至溶解。

4. 然后将奶油、糖粉加入到混合物中。

5. 搅拌混合物至奶油起发。

6. 分次加入鸡蛋，搅拌至与奶油完全混合。

7. 然后加入低筋面粉、奶香粉，搅拌均匀成饼干面团。

8. 将面团装入布裱花袋，选用有牙中号花嘴，把饼干面团挤在垫有耐高温布的烤盘上。

9. 在面圈中加入拌好的馅料即可入烤箱，以上火 170℃、下火 150℃的温度烘烤 25 分钟左右，烤至金黄色后即可。

家庭烘焙要领

馅料不要煮太久，有助于保持天然的口味。

杏仁属于坚果类，在选购时要寻找外壳没有分裂、发霉或染色的。要闻杏仁的气味，应该是甜甜的气味和坚果味，如果刺鼻略苦的，说明已经坏了。保存杏仁要放在密封的盒子里，放置在干燥、避免阳光的地方。

黑白饼干

原料：

香草味面团：低筋面粉 150 克，黄油 80 克，糖粉 60 克，鸡蛋 25 克，香草精 1.5 克

巧克力面团：低筋面粉 130 克，黄油 80 克，糖粉 60 克，鸡蛋 25 克，可可粉 20 克，香精 0.5 克

其　　他：鸡蛋液适量

制作方法

1. 香草味面团制作：将黄油切成小块，并放在室温下软化。

2. 将糖粉加入黄油，然后用打蛋器搅打均匀，不要打发。

3. 分次加入打散的鸡蛋，每次加入后搅拌至完全融合，再加入下一次。不断搅打，直至完全融合，此过程不需要打发。

4. 将过筛的低筋面粉加入打好的黄油中，再加入香草精，揉搓成面团。

5. 巧克力面团的做法与香草味面团做法相同，不同之处是可可粉也过筛加入黄油，还要加入杏仁香精。

6. 用擀面杖将香草味面团和巧克力面团分别擀成 1 厘米厚的长方形面皮。

7. 在巧克力面团上刷上鸡蛋液，把香草味面团覆在上面，使其黏合在一起。

8. 将黏合的面团放入冰箱冷藏，直至变硬，约 0.5 小时后取出。

9. 将面团切成宽约 1 厘米的条形面团。

10. 每两个条形面团为一组，在其中一个的切面上刷上鸡蛋液，另一个反转后放在其上，交错成为棋格状。

11. 再将面团放入冰箱冷却 30 分钟。

12. 将变硬的面团切成 0.5 厘米厚的饼坯，整齐排放入烤盘。

13. 烤箱预热 190℃，烘烤 10 分钟左右，烤至饼坯表面出现金黄色即可。

家庭烘焙要领

烤饼干时，要时常注意饼干在烤箱里的变化，烤至金黄色即可。若时间太长，会把你千辛万苦做出来的饼干烤焦煳，所以要注意把握好烘烤的时间。

布列塔尼地方饼干

原料

低筋面粉300克，泡打粉4克，无盐黄油300克，糖粉180克，鸡蛋黄70克，葡萄干180克，朗姆酒、鸡蛋液、盐、香草粉各适量

制作方法

1. 事先将葡萄干用朗姆酒泡过，取出备用。
2. 将无盐黄油切成小块，放在室温下软化。
3. 将糖粉过筛，分多次加入到软化的黄油里，不断搅拌，直至无颗粒状。
4. 依次加入盐、香草精及鸡蛋黄，并搅拌均匀。然后加入朗姆酒，接着加入泡过朗姆酒的葡萄干，轻轻地拌匀。
5. 将低筋面粉和泡打粉过筛，然后加入到混合原料中充分搅拌均匀。
6. 烤盘中铺入烤盘纸，模型涂上奶油。
7. 将面糊均匀放入模型中，用抹刀将面糊表面抹平，但面糊中间处要比周围低些。
8. 表面涂上鸡蛋液，用叉背割出线条。
9. 将烤盘放入烤箱，以180℃的温度烘烤至表面呈金黄色即可。

> 这是一款从很久以前流传至今的传统甜点，是使用充足的奶油做出的口感松酥可口的饼干。制作中添加的黄油是无盐黄油，这是烘焙用的黄油，含盐黄油一般用于涂抹烘烤后的吐司面包。

家庭烘焙要领

香杏小点

原料：

白面团：低筋面粉 350 克，奶油
220 克，糖粉 120 克，
盐 3 克，柠檬片 3 克，
鸡蛋黄 50 克，泡打粉 2.5
克，杏仁 250 克

黑面团：低筋面粉 240 克，奶油
170 克，糖粉 90 克，盐
2 克，鸡蛋黄 25 克，泡
打粉 2 克，可可粉 15 克

制作方法

1. 将白面团材料中的奶油、糖粉、盐、柠檬皮混合拌至奶白色。

2. 将黑面团材料中的奶油、糖粉、盐混合也拌至奶白色。

3. 在两个面糊中各自倒入鸡蛋黄，拌匀。

4. 白面糊加入低筋面粉、泡打粉、杏仁，拌匀；黑面糊加入低筋面粉、泡打粉、可可粉，拌匀。

5. 黑白面团拌好后饧发 5 分钟。

6. 将黑面团搓成长条状并压薄成皮，包入搓成长条的白面团，然后用黑面团将白面团成条状卷起。

7. 在长条外表粘上杏仁碎。

8. 粘好后放入冰箱冷藏。

9. 然后分切成片状，放在垫有耐高温布的烤盘上。

10. 烤盘入烤箱，用上火 170℃、下火 140℃的温度烘烤 30 分钟即可。

家庭烘焙要领

烘烤时要根据烤箱的特点调整温度和时间，注意看饼干的着色或按照自己喜欢的着色程度烘烤，如果需要浅色的，烘烤温度可低些。也可以用绿茶粉等代替可可粉，以制作其他风味的饼干。

巧克力意大利脆饼

原料

中筋面粉 85 克，鸡蛋 300 克，红糖粉 55 克，盐 5 克，泡打粉 1.5 克，苏打粉 1 克，肉桂粉 1 克，杏仁碎 40 克，巧克力适量

制作方法

1. 将红糖粉和盐过筛，加入鸡蛋，然后用打蛋器打发成鸡蛋液备用。

2. 将中筋面粉过筛，加入泡打粉、苏打粉、肉桂粉，混合均匀。

3. 将各种混合粉末加入到打发的鸡蛋液中。

4. 用打蛋器不断搅拌，直至将材料搅打顺滑。

5. 加入杏仁碎，混合揉拌成为面团。

6. 将拌好的面团用保鲜膜包裹好，然后静置，饧发 30 分钟。

7. 将面团揉搓，然后压成 2 厘米厚、10 厘米宽的面皮。

8. 用刀将其切成 2 厘米宽、10 厘米长的条状饼胚。

9. 将饼坯整齐的放在铺有烘焙油纸的烤盘内。

10. 烤盘入烤箱，以 160℃烘烤约 30 分钟，然后将烤盘拿出烤箱冷却。

11. 将巧克力加热熔化，然后将饼干沾上巧克力即可。

> **家庭烘焙要领**
>
> 熔化巧克力可采用隔水加热法，60℃左右的热水即可，需充分搅拌，直到巧克力完全熔化。还可用微波炉熔化，将装入巧克力的碗放入微波炉，高温 10 秒钟，拿出来充分搅拌，再加热 10 秒钟再搅拌，依次类推约 2 分钟即可，切忌一次性加热，否则巧克力会焦掉。先将巧克力削片放入碗中，更容易熔化。

牛油曲奇

 原料:

低筋面粉 290 克，奶粉 30 克，黄油 240 克，糖粉 60 克，细砂糖 50 克，盐 3 克，鸡蛋 70 克，牛奶 30 克，食用油适量

制作方法

1. 黄油在室温下软化，放入大盆中打发，直到颜色变浅，体积膨胀，成羽毛状为止。

2. 分次将细砂糖、糖粉、盐加入打发的黄油中，继续打至糖全部溶化。然后依次加入鸡蛋和牛奶，用电动打蛋器迅速搅拌均匀。

3. 用面粉筛分 4 ~ 5 次筛低筋面粉和奶粉，用翻拌方式搅拌均匀。

4. 将室温软化的黄油放在大盆里打发，直到颜色变浅，体积稍变大，呈羽毛状。

5. 分次加入细砂糖、糖粉、盐等材料，继续打至糖溶解。

6. 分次加入鸡蛋液和奶，用电动打蛋器低速搅拌均匀。

7. 面粉、奶粉过筛后，一点点加入，用橡皮刀像切菜一样切入，千万不要划圈搅拌。

8. 将裱花袋里预先放入裱花嘴，将粉糊放入裱花袋。

9. 预先将烤盘纸铺入烤盘，然后在烤盘纸上挤出曲奇坯子，曲奇间留出适当间距。

10. 烤箱预热 180℃，将烤盘放入其上层或中层，下火烤 12 分钟左右即可。

11. 取出后静置冷却，再密封保存。

> 黄油可以提前 2 小时放到室温下软化。在加入鸡蛋后搅打时，不要搅拌过久，以免影响口感。
>
> 用裱花袋挤出曲奇时不宜使用一次性裱花袋，否则容易破裂。
>
> **家庭烘焙要领**

巧克力曲奇

原料:

低筋面粉 200 克，无盐黄油 120 克，糖粉 35 克，细砂糖 30 克，鸡蛋 70 克，可可粉 15 克

制作方法

1. 将低筋面粉过筛。

2. 无盐黄油切成小块，放在室温下软化。

3. 将鸡蛋打散成鸡蛋液。

4. 在软化的黄油中加入细砂糖，用打蛋器搅打均匀，然后加入糖粉，继续搅打至顺滑。

5. 分次加入打散的鸡蛋液，并搅拌打发。

6. 倒入过筛后的面粉和可可粉，搅拌均匀，再用刮刀自上而下翻拌即可。

7. 将拌好的面糊装入裱花袋，根据需要选用大小不同的齿形花嘴。

8. 将烘焙纸铺在烤盘内，用裱花袋在烘焙纸上挤出花形。

9. 烤箱预热 160℃，将烤盘放在中层，烤约 25 分钟即可。

> 在制作曲奇的过程中，糖粉和细砂糖都是必不可少的原材料，糖粉能使曲奇保持形状，而细砂糖可以让曲奇更松脆。挤花的时候，集中精力，开始时形状可能不是很好，多试几次就可以掌握技巧了。

家庭烘焙要领

杏仁酥条

原料：

低筋面粉220克，高筋面粉30克，鸡蛋白35克，黄油220克，盐2克，糖粉40克，细砂糖40克，醋3克，杏仁片50克，杏仁粉50克，水适量

制作方法

1. 取黄油40克，与全部低筋面粉、高筋面粉、细砂糖、醋一起混合，搅拌均匀。

2. 将步骤1中的混合物揉搓成均匀光滑的面团。

3. 将面团用保鲜膜包好，然后放入冷藏室饧发30分钟。

4. 取剩余的黄油放在保鲜膜上，切成薄片，然后将其包好。

5. 用擀面杖将包好的黄油擀成薄片，使黄油厚度均匀，并放入冷藏室备用。

6. 将饧发好的面团取出，撒上少许面粉后擀开，并擀成长方形的面片，把备好的黄油片放在面皮中。

7. 折拢面皮，将黄油包牢，防止黄油外漏。

8. 把包入黄油的面皮擀成长方形，然后由两边向中间对折两次，再顺着折痕擀压，重复3次。每次折叠后要冷藏1小时再擀。

9. 最后一次擀成厚约5毫米的薄片，并切成长8厘米、宽3厘米的长方形小块。

10. 把鸡蛋白、糖粉、杏仁粉拌和成白色糖浆，刷在小块上，同时将另一小块放在该面皮上，形成一组，依据此法，将所有面皮叠好。

11. 在叠好的面片上刷上糖浆，然后撒上杏仁片。

12. 将烤箱预热210℃，放入杏仁片烤13分钟即可。

> **家庭烘焙要领**
>
> 制作酥皮时，将面皮的厚度调整为中央约为四角的四倍厚，再将黄油放在正中且调整为面团中央处大小，然后将面皮四面包好，即完成了包黄油的动作。

法式芝士条

原料：

低筋面粉 250 克，发酵奶油 180 克，糖粉 90 克，鸡蛋 50 克，泡打粉 1 克，芝士粉 20 克，鸡蛋白适量

制作方法

1. 先把发酵奶油拌匀，然后加入过筛的糖粉。

2. 不断搅拌，使发酵奶油和糖粉拌匀，充分混合。

3. 将鸡蛋用打蛋器搅散，并加入奶油中搅拌均匀。

4. 将低筋面粉和泡打粉过筛，然后加入奶油中。

5. 连续搅拌，使混合材料成为顺滑的面团。

6. 将拌好的面团放入冰箱冷藏约 30 分钟，直至面团表面不粘手为佳。

7. 将冻好的面团取出，略揉搓后用擀面棍擀成 1 ~ 1.5 厘米厚度的面皮。

8. 用刀将面皮切成约 2 厘米宽的条状面片，然后整齐放在铺有烘焙油纸的烤盘内。

9. 将鸡蛋白打散，然后在条状面片上扫上一层鸡蛋白液。

10. 烤盘入烤箱，以 140℃的烘烤温度烘烤约 3 分钟即可。

家庭烘焙要领

芝士粉颗粒细腻，外观类似奶粉，呈乳白色至淡灰色，有些芝士粉为了在最终食品里体现芝士色泽，而人为添加了色素，因此呈黄色或橘黄色。

喜欢吃芝士的人，可用两块饼干夹上一片薄芝士；喜欢其他口味的，可以在制作面团时加入一些抹茶粉、可可粉等。

姜饼

原料:

低筋面粉 250 克，黄油 50 克，
红糖粉 25 克，糖粉 50 克，蜂蜜
35 克，鸡蛋 35 克，鲜奶 5 毫升，
肉桂粉 10 克，姜粉 6 克，豆蔻粉
10 克，水 20 毫升

制作方法

1. 将黄油切小块，放在室温下软化，
然后加入过筛的红糖粉、糖粉，搅拌
均匀。

2. 将鸡蛋 25 克打散，分次加入到奶
油中，每次加入搅拌到完全融合，再
加入下一次。

3. 再加入蜂蜜、鲜奶，继续搅拌均匀。

4. 将低筋面粉、肉桂粉、姜粉、豆蔻
粉均过筛，然后加入黄油中。

5. 把混合原料用堆叠手法搅拌均匀，
使之成为面团，不断揉推面团，直到
面团表面光滑为止。

6. 把揉好的面团放进冰箱冷藏室，饧
发 1 小时。

7. 将饧发好的面团用擀面棍擀至 3 毫
米厚薄。

8. 用各种形状的模具，在面皮上印出
饼坯模型。

9. 将余下的鸡蛋与水混合，搅匀成鸡
蛋液。

10. 饼坯摆放在放有烘焙油纸的烤盘内，并刷上鸡蛋液水。

11. 将饼坯静置 20 分钟，再刷一层鸡蛋液，然后放入预热
烤箱中层，以 180℃的温度烘烤约 12 分钟即可。

12. 姜饼表面可以用巧克力酱或者糖霜装饰。

糖霜制作方法: 将鸡蛋白 20
克，糖粉 150 克，柠檬汁 5 毫升，
混合打发即成鸡蛋细砂糖霜，用
来刷底色；可添加不同颜色的食
用色素；最后将糖霜装入裱花袋，
在饼干上挤出想要的形状即可。

姜饼的装饰很考验人的创意，
可在饼上画出各种各样的图案。

家庭烘焙要领

香芋酥

原料

水皮：低筋面粉 100 克，高筋面粉 25 克，糖 25 克，猪油 25 克，鸡蛋 20 克，水 45 毫升

油心：低筋面粉 62 克，猪油 35 克，香油适量

馅料：芋头 80 克，糖粉 30 克

制作方法

1. 水皮的制作：将水皮材料中的低筋面粉和高筋面粉均过筛。然后加入过筛的糖、打散的鸡蛋以及猪油和水，不断搅拌。搅拌时间以各材料混合形成水皮面团为止。

2. 油心的制作：将低筋面粉过筛，然后加入猪油、香油，不断搅拌，使其成为油心面团。

3. 馅料的制作：芋头蒸熟，去皮，压成芋头泥，加入糖粉，搅拌均匀即可。

4. 将步骤 1 中的水皮面团擀开，擀成长方形的面片，并包入拌好的油心面团。

5. 把包入油心的面皮擀成长方形，然后由两边向中间对折两次，再顺着折痕擀压，重复 3 次。

6. 将擀平的面团卷成圆长条，用切刀切成每个约 30 克的圆柱小面团。

7. 将圆柱面团竖直放好，用擀面杖擀圆，包入馅料，搓成圆球形。

8. 摆入烤盘内，入烤箱以上火 210℃、下火 160℃的温度烘烤 25 分钟，熟透后出烤箱即可。

家庭烘焙要领

由于芋头的黏液中含有皂苷，能刺激皮肤发痒，因此生剥芋头皮时需小心，可以倒点醋在手中，搓一搓再削皮，芋头黏液就伤不到你了。如果不小心接触使皮肤发痒时，涂抹姜或浸泡醋水都可以止痒。

千层酥饼

原料:

皮材料: 低筋面粉220克,高筋面粉30克,全蛋30克,黄油220克,细砂糖40克

馅材料: 椰蓉25克,细砂糖20克,低筋面粉8克,吉士粉1.5克,奶油5克,全蛋5克

其 他: 鸡蛋黄液适量

制作方法

1. 取黄油40克,与皮材料中全部低筋面粉、高筋面粉、细砂糖、全蛋一起混合均匀。

2. 将步骤1中的混合物揉搓成均匀光滑的面团。

3. 将面团用保鲜膜包好,然后放入冷藏室饧发30分钟。

4. 取剩余黄油放在保鲜膜上,切成薄片,然后将其包好。

5. 用擀面杖将包好的黄油擀成薄片,并使黄油厚度均匀,然后放入冷藏室备用。

6. 将饧发好的面团取出,撒上少许面粉后擀开,直到擀成长方形的面片,把备好的黄油片放在面皮中。

7. 折拢面皮,将黄油包牢,防止黄油外漏。

8. 把包入黄油的面皮擀成长方形,然后由两边向中间对折两次,再顺着折痕擀压,重复3次。每次折叠后要冷藏1小时再擀。

9. 将馅材料中的椰蓉、细砂糖、低筋面粉、吉士粉、奶油、全蛋混合,搅拌均匀,混合成团状备用。

10. 将酥皮压薄至5毫米,然后分切成正方形。

11. 在正方形酥皮的一角放上椰子馅,并对角包起2/3成型。

12. 排于烤盘饧发30分钟,扫上鸡蛋黄液,入烤箱以上火170℃、下火150℃烘烤,待上色后熄火,焗透出烤箱,然后在表面挤上装饰奶油。

家庭烘焙要领

这里的馅料是椰子馅,香甜细腻,可根据自己的喜好选择馅的材料,将等量的材料对换椰蓉即可。

在剩余的酥皮上薄薄撒一层面粉,再折起,放入密封袋中放入冰箱,可保存2周,用时提前取出,室温中饧一会即可。

核桃酥

原料

奶油 136 克，沙拉油 15 克，小苏打 3.5 克，盐 3 克，细砂糖 105 克，全蛋 20 克，低筋面粉 165 克，奶粉 20 克，核桃碎 70 克，蛋糕碎 50 克

制作方法

1. 将奶油、沙拉油、小苏打、盐、细砂糖混合拌匀。

2. 分次加入全蛋，并搅拌使其完全均匀。

3. 加入低筋面粉、奶粉、核桃碎和蛋糕碎，搅拌至没有粉粒状，然后拌成面团。

4. 将拌好的面团静置，饧发 5 分钟。

5. 揉搓面团，然后将其揉搓成长方形粗条，并用切刀切成若干大小均等的剂子。

6. 将面剂搓圆，泡入纯鸡蛋液，取出，放入筛子，沥掉多余的鸡蛋液。

7. 预先在烤盘中放好耐高温布。

8. 将泡过鸡蛋液的面剂放在耐高温布上，排好，用手按扁。

9. 将制好的饼坯静置 20 分钟。

10. 将烤盘放入烤箱内，用上火 170℃、下火 140℃烘烤 30 分钟左右即可。

> **家庭烘焙要领**
>
> 拌入面粉时不能搓揉，以防止生筋渗油；小苏打用蛋浆溶解后再使用，目的是防止成品出现黄斑点；细砂糖不需要完全溶化。

凤梨酥

原料：

酥皮配料： 低筋面粉 90 克，全脂奶粉 35 克，黄油 75 克，鸡蛋 30 克，糖粉 20 克，盐 2 克

凤梨馅： 冬瓜 900 克，菠萝 450 克，细砂糖 60 克，麦芽糖 60 克

制作方法

1. 冬瓜去皮、籽，切成小块，放入沸水锅中煮 15 分钟。

2. 煮好的冬瓜冷却后，用纱布包起来，挤掉水分，放在案板上剁成蓉。

3. 把菠萝去皮后，切成小丁，用纱布包好，挤出菠萝汁，放在案板上剁成蓉。

4. 把菠萝汁、细砂糖、麦芽糖放入炒锅，大火煮沸后转小火，不断搅拌直到糖完全熔化。

5. 把冬瓜蓉和菠萝蓉倒入锅里，用小火慢慢翻炒，至呈金黄色即成凤梨馅，盛出来放在碗里，冷却后使用。

6. 把酥皮配料中的黄油软化，加入糖粉、盐，用打蛋器打发。

7. 倒入打散的鸡蛋，继续打发至鸡蛋与黄油完全融合，呈羽毛状。

8. 低筋面粉和全脂奶粉混合后过筛放入黄油混合物里，用橡皮刮刀拌匀，搅拌至没有干粉时即成酥皮面团。

9. 根据要制作的凤梨酥的大小，将面团和馅料按 2:3 的比例称重。

10. 取一块称好的酥皮面团，揉成圆形，用手把面团压扁，放上一块凤梨馅。

11. 将面团放在虎口处，用另一只手的大拇指推动酥皮，把酥皮慢慢地拔上来，包裹住馅料。

12. 酥皮推上来以后，捏合紧，让酥皮把凤梨馅完全地包裹起来。

13. 把凤梨酥模具摆在烤盘上，将包好的面团放到模具里面，用手压平，使面团在模具里定型。

14. 将凤梨酥同模具一起放入烤箱，以 175℃的温度烤 15 分钟左右，烤至表面金黄即可。

> 凤梨馅在碗里尽量摊平摊薄，可以使凤梨馅更快地冷却。取出烤好后的凤梨酥冷却后即可脱模。脱模后，密封放置 4 小时以后再食用，口感更佳。
>
> **家庭烘焙要领**

广式月饼

原料：

饼　皮：中筋面粉 100 克，奶粉 5 克，糖浆 75 克，碱水 1 毫升，花生油 25 克
莲蓉馅：莲蓉 300 克，细砂糖 150 克，食用油 40 毫升，糕粉 90 克，瓜仁 50 克，水适量
表面刷液：鸡蛋液适量

制作方法

1. 将糖浆倒入碗里，加入碱水、奶粉、花生油，筛入中筋面粉，搅拌均匀，揉成饼皮面团。
2. 饼皮面团静置饧发 1～2 小时后，分成每个约 20 克的小份。
3. 莲蓉、细砂糖、瓜仁加适量水拌匀，并分三次加入食用油拌匀，再加入糕粉拌匀成莲蓉馅，分成每个约 50 克的小份。
4. 手掌放一份饼皮，两手压压平，上面放一份莲蓉馅，一只手轻推莲蓉馅，另一只手的手掌轻推饼皮，使饼皮慢慢展开，直到把莲蓉馅全部包住为止。
5. 在月饼的模具里面撒些面粉，将包好的月饼面团压制成型。
6. 在月饼表面喷些水，放入预热好的烤箱烤 8 分钟，待上面的花纹成型时取出。
7. 在月饼表面的花纹上刷一层鸡蛋液。
8. 入烤箱烤 6 分钟，再取出刷一层鸡蛋液，最后烤至金黄色即可。

家庭烘焙要领

在月饼的模具里面撒些面粉，可以防粘。多放些面粉，轻轻晃一晃，使面粉附在模具上，再倒出多余的面粉。

刷鸡蛋液的时候只需刷上面，侧面可不刷。

蝴蝶酥饼

原料：

低筋面粉220克，高筋面粉30克，细砂糖10克，鸡蛋70克，黄油220克，盐1.5克，水125毫升

制作方法

1. 先将黄油放于室温下软化，再用手捏柔软。

2. 将面粉和糖、盐混合，再放入软化的黄油。

3. 分次加入水，将混合原料揉成光滑面团。

4. 用保鲜膜包好，放进冰箱冷藏室饧发20分钟。

5. 把剩余的180克黄油切成薄片，放入保鲜袋排好，然后将其包好。

6. 用擀面杖将包好的黄油压成厚薄均匀的薄片，并放入冷藏室备用。

7. 将饧发好的面团取出，在案板上撒上少许面粉，然后放上面团将其擀开，并擀成长方形的面片，其长约为黄油薄片宽度的三倍，宽比黄油薄片的长度稍宽。

8. 把备好的黄油片放在面皮中央，并将两端的面皮折向中央，覆在黄油片上，并将另外两端捏紧压实，防止黄油外漏。

9. 把包入黄油的面皮擀成长方形，然后由两边向中间对折两次，再顺着折痕擀压，重复3次。每次折叠后要冷藏1小时再擀。

10. 最后将擀好的面团切去边角，使其成为规则的长方形。

11. 在面皮表面刷上一层清水，约过3分钟再撒上一层细砂糖。

12. 将面皮对称卷成蝴蝶卷，然后用切刀切成蝴蝶状饼坯，并排放入烤盘放好。

13. 烤箱预热200℃，然后放入烤盘烘烤20分钟左右即可。

> 在包裹黄油时，捏紧压实另外两端，要注意把面片一端压死，手贴着面皮向另一端移过去，把气泡从另一端赶出来，然后手移到另一端时，把另一端也压死。

家庭烘焙要领

第三章

蛋糕

蛋糕小课堂

蛋糕的分类

蛋糕是一种传统的西点，最早的蛋糕是用几样简单的材料做出来的。现代蛋糕以鸡蛋、糖、面粉等为主要原料，以牛奶、果汁、奶粉、香粉、色拉油、水、起酥油、泡打粉等为辅料，经过搅拌、调制、烘烤后制成。根据其使用的原料、调混方法和面糊性质，一般可分为三大类。

面糊类蛋糕

主要以面粉、糖、鸡蛋、牛奶等原料作为蛋糕的基本结构，含有很高的油脂，用量达面粉的60% 左右，用以润滑面糊，使之产生柔软的组织，并帮助面糊在搅拌过程中融入大量空气产生膨大作用，如重奶油蛋糕、大理石蛋糕等。

乳沫类蛋糕

主要原料为鸡蛋，不含固体油脂，利用鸡蛋中强韧和变性的鸡蛋白质，在面糊搅拌和烘烤过程中使之膨胀。乳沫类蛋糕又可分为鸡蛋白类和海绵类。鸡蛋白类以鸡蛋白作为基本组织与膨胀原料，如天使蛋糕；海绵类则用全蛋或全蛋加鸡蛋黄，如海绵蛋糕。

戚风蛋糕

戚风蛋糕混合了前两种的做法，改变乳沫类的质地和颗粒，具有较湿润及柔软的口感。一般生日蛋糕、瑞士卷、波士顿派的蛋糕层和装饰用的蛋糕，大多数是用戚风蛋糕做的。

各种蛋糕的由来

生日蛋糕

中古时期的欧洲人认为，生日是灵魂最容易被恶魔入侵的日子，所以生日当天，亲朋好友会来给予祝福，并且送蛋糕以带来好运驱逐恶魔。

婚礼蛋糕

蛋糕原意是"扁圆的面包"，也有"快乐幸福"之意。古代富人举办婚礼时，要做一个特制的蛋糕，不仅在婚宴上新郎新娘一起吃，也请客人们吃。客人们期望自己也能分享他们的幸福。

黑森林蛋糕

在德国，相传每当黑森林区的樱桃丰收时，农妇们除了将过剩的樱桃制成果酱外，在做蛋糕时也会非常大方地将樱桃塞在蛋糕的夹层里，或是一颗颗细心地装饰在蛋糕上。在打制蛋糕的鲜奶油时，也会加入不少樱桃汁。这种以樱桃与鲜奶油为主的蛋糕，就是后来的黑森林蛋糕。所以，黑森林不是黑的意思，更不是巧克力蛋糕的代名词。

起士蛋糕

起士蛋糕有着柔软的上层，混合了特殊的起士，再加上糖和其他的配料，如鸡蛋、奶油和水果等。起士蛋糕源于公元前 776 年，是为了供应雅典奥运会所做的甜点。

布朗尼蛋糕

布朗尼蛋糕是一种切块的小蛋糕，层次丰富，其中加入了大量的黑巧克力，入烤箱烘烤而成，因为其华贵的咖啡色而得名。

提拉米苏

二战时期，一个贫困的意大利士兵出征时，妻子为了准备干粮，把家里所有能吃的饼干、面包做进一个叫提拉米苏的糕点里。每当士兵在战场上吃到提拉米苏就会想起他的家和心爱的人。

蛋糕制作注意事项

选择新鲜的鸡蛋

购买鸡蛋时要挑选蛋壳完整、表面粗糙的。若将鸡蛋冷藏，应该在制作蛋糕前先将其取出置于室温下恢复至常温。

鸡蛋白的打法

打发鸡蛋白时一定要用干净的容器，最好是不锈钢制的打蛋盆，容器中不能沾油、水，鸡蛋白中不能夹有鸡蛋黄，鸡蛋白要打到将打蛋盆倒置也不会流出来的程度。将鸡蛋白打至起泡后才能慢慢加糖，而且要打得很均匀，这样做出的蛋糕质地才会细腻。

称量要精确

制作蛋糕时称量面粉等原材料要比较精确，这是烘焙成功的第一步，尤其是称量粉状材料及固体类的油质，一般情况下可使用杯子或量匙，有时必须用秤来量取，因为同样的量杯，一杯水、一杯油或是一杯面粉，由于密度不同，重量也就不相同。

面粉的使用

面粉在使用前应先用筛子过筛。将面粉置于筛网上，一手持筛网，一手在边上轻轻拍打，使面粉落入钢盆中。面粉过筛不仅能避免面粉结块，同时能使面粉与空气混合，增加蛋糕烘烤后的蓬松感，同时与奶油等拌合时也不会因有小颗粒而使蛋糕烤烘后有粗粗的口感。

奶油的打法

制作蛋糕时，冰冻的奶油在使用前必须放在室温下使其软化，或隔水加热，直到用手指轻压奶油即会凹陷的程度。需要注意的是，不能使用微波炉来使奶油解冻，隔水加热切勿加热过度，如果融化成液状将无法打发。已软化后的奶油加糖混合后才能打发，如果要加入鸡蛋汁或果汁等液态原料，则须分少量加入，否则会造成奶油无法吸收而呈分离的碎片状。

材料混合的方法

混合材料时一般情况下要分次加入，这样才能使制作出来的蛋糕既细致又美味。例如，将面粉与奶油混合时要先将一半的面粉倒入，再用刮刀将奶油与面粉由下往上混合搅拌完全后，再加入另一半的面粉拌匀。如果将面粉一次性倒入不仅搅拌时费力，而且也不容易完全混合而导致产生结块。

烘烤时的注意事项

体积大的蛋糕须用低温长时间烘焙，烘烤时若担心外表烤得太焦，可将蛋糕表皮烤至金黄色后，在表面覆盖上一层铝箔纸。小蛋糕烘烤时则相反，烤时须用高温，时间上也较短，若经低温长时间烘烤，会失去太多水分而使得成品太干。

烘烤蛋糕时不能将烤箱打开，否则会影响蛋糕成品。刚烤好的蛋糕容易破损，应轻轻取出并放在平网上使其散热。一般的戚风蛋糕烤好后应立即倒扣于架上，可以防止蛋糕遇冷后塌陷。

烤模的使用方法

烘烤蛋糕时，烤模在使用前最好先涂抹一层薄薄的奶油，再撒上一层高筋面粉或是用防粘纸铺在烤模内部，这样烤好的蛋糕才不会粘贴。

泡芙肉松卷

原料：

泡芙皮：牛奶 120 毫升，奶油 100 克，水 120 毫升，蛋糕粉 125 克，鸡蛋 200 克

蛋　糕：水 150 毫升，奶油 150 克，细砂糖 350 克，吉士粉 15 克，塔塔粉 10 克，蛋糕粉 250 克，
　　　　奶香粉 7 克，泡打粉 7 克，鸡蛋黄 250 克，鸡蛋白 500 克

其他材料：肉松适量

制作方法：

1. 泡芙皮的制作：将牛奶、水、奶油先煮沸。

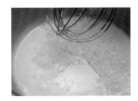

2. 加入蛋糕粉，搅拌均匀。

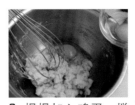

3. 慢慢加入鸡蛋，搅拌均匀成泡芙皮糊。

4. 蛋糕体的制作：先将清水、奶油、细砂糖拌匀。

5. 加入吉士粉、蛋糕粉、奶香粉、泡打粉拌匀。

6. 加入鸡蛋黄，拌匀成面糊，备用。

7. 把鸡蛋白、细砂糖、塔塔粉快速打发，打发至湿性发泡。

8. 将打发好的鸡蛋白与面糊搅拌均匀。

9. 将面糊放进烤盘，刮平，进烤箱，以上火 170 ℃、下火 150℃烘烤 25 分钟。

10. 将烤好的蛋糕表面均匀涂抹色拉酱，卷起成蛋糕体。

11. 将打好的泡芙皮糊装入裱花袋。

12. 将泡芙皮糊裱在蛋糕卷的表面。

13. 进烤箱，以上火 200℃、下火 0℃烘烤 5 分钟。

14. 将烤好的蛋糕卷切成大小适合的段。

15. 蛋糕两边涂抹色拉酱，粘上肉松即可。

第二次进烤箱时，一定要关闭下火，否则蛋糕底会变焦。

家庭烘焙要领

47

超软戚风蛋糕

 原料：

鸡蛋 250 克，牛奶 55 毫升，玉米油 50 毫升，细砂糖 60 克（加入鸡蛋白），细砂糖 20 克（加入鸡蛋黄），低筋面粉 60 克

制作方法

1. 将牛奶、玉米油和 20 克细砂糖加入奶锅里，将奶锅加热并不断搅拌，直到锅里的液体沸腾后立即离火，端起奶锅，摇晃锅里的液体。

2. 把过完筛的面粉倒入奶锅里，立即不停地搅拌，直到面粉充分和高温的液体接触并混合，变成烫面团。

3. 将鸡蛋的鸡蛋白与鸡蛋黄分开，将烫面团冷却到不烫手的温度后，倒入鸡蛋黄里。

4. 用橡皮刮刀搅拌均匀，即成鸡蛋黄糊，静置备用。

5. 将打蛋器清洗干净并擦干水分以后，搅打鸡蛋白，并分三次加入细砂糖，将蛋白打发到可以拉出直立尖角的干性发泡状态。

6. 盛三分之一鸡蛋白到鸡蛋黄糊里，然后用橡皮刮刀从底部往上翻拌面糊，直到鸡蛋白糊和鸡蛋黄糊完全混合均匀。

7. 翻拌均匀后，将翻拌好的面糊全部倒入剩余的鸡蛋白糊里，从底部往上翻拌均匀成为戚风面糊。

8. 把拌好的蛋糕糊倒入蛋糕模里（模具的四周不要抹油，也不要用防粘的模具）。

9. 把蛋糕模放入烤箱中下层，上下火 165℃，烘烤 50 分钟左右。

10. 出烤箱后将蛋糕模倒扣在冷却架上，冷却后脱模并切块即可。

> 烫面戚风，最关键的是"烫面"的过程。将面粉"烫"热，使面粉内的淀粉糊化，进而吸收更多的水分。不过面粉不能直接用煮沸的液体来烫，那样温度太高，面粉会过度熟化。
>
> **家庭烘焙要领**

芝麻低脂蛋糕

原料：

低筋面粉 100 克，鸡蛋 450 克，牛奶 125 毫升，玉米油 125 毫升，醋、黑芝麻、细砂糖、奶油、巧克力、蜂蜜、塔塔粉各适量

制作方法：

1. 将低筋面粉过筛备用，将鸡蛋打散，把鸡蛋白与鸡蛋黄分离出来备用，将奶油、巧克力、蜂蜜调匀。

2. 把鸡蛋黄、细砂糖、玉米油、牛奶、低筋面粉、黑芝麻、塔塔粉放入干净的容器里，搅拌至油水混合，继续搅拌至无颗粒状。

3. 将鸡蛋白放入干净的无水无油的容器里，加入细砂糖和醋，打发至硬性发泡。

4. 将三分之一的鸡蛋白糊与鸡蛋黄糊搅拌均匀，继续加入三分之一的鸡蛋白糊搅匀，再倒入剩余的鸡蛋白糊里翻拌均匀。

5. 把搅拌好的蛋糕糊倒入铺了锡纸的烤盘里，抹平蛋糕糊表面，并轻震几下，震出大气泡。

6. 将烤盘放入预热好了的烤箱内，以上下火180℃的温度烘烤20分钟，拿出倒扣在烤网上，把锡纸剥离。

7. 把烤好的蛋糕分为相等的两份，在其中一份蛋糕的表面涂抹上步骤 1 中调好的奶油、巧克力、蜂蜜汁，然后再铺上另一份蛋糕，放入冰箱冷藏定型后，取出切成小块即可。

> ### 家庭烘焙要领
>
> 蛋糕烤好后，要趁热把锡纸或油纸撕下来。如果等蛋糕完全冷却后再撕，可能就没有那么容易撕，弄不好会粘着蛋糕的边角，毁坏蛋糕的形状。

香妃蛋糕

原料：

蛋糕体：低筋面粉 300 克，玉米淀粉 50 克，水 200 毫升，沙拉油 150 毫升，细砂糖 350 克，鸡蛋黄 250 克，鸡蛋白 600 克，塔塔粉 8 克，盐 3.5 克，奶香粉 3 克，发粉 4 克

香妃皮：低筋面粉 60 克，细砂糖 90 克，水 150 毫升，玉米淀粉 15 克，塔塔粉 2.5 克，椰蓉、果酱各适量

制作方法

1. 首先制作蛋糕体，将沙拉油、水、40 克细砂糖混合搅拌至细砂糖溶化，然后加入低筋面粉、玉米淀粉、奶香粉、发粉搅拌至无颗粒状。

2. 继续加入鸡蛋黄拌至均匀纯滑，将拌好的面糊倒在干净的不锈钢盆中。

3. 将鸡蛋白、310 克细砂糖、盐和塔塔粉混合，先慢后快搅拌，拌打成硬性泡沫状鸡蛋白霜，分三次与面糊混合，并拌至均匀。

4. 将完全拌好的面糊倒入已垫好锡纸的烤盘中抹平，入烤箱以上火 180℃、下火 140℃的温度烘烤。

5. 烤熟后出烤箱，待冷却后即可，蛋糕体制作完成。

6. 接下来制作香妃皮，将细砂糖、塔塔粉、水混合，先慢后快搅拌，拌打成鸡尾状鸡蛋白霜后，再加入低筋面粉和玉米淀粉，迅速搅拌至完全均匀。

7. 将拌好的面糊倒入已垫锡纸的烤盘中抹平，撒上椰蓉，以上火 170℃、下火 130℃的温度入烤箱烘烤，烤至浅金黄色后出烤箱冷却。

8. 将先备好的蛋糕体切成三小块，将冷却好的香妃皮分成相同大小的三块。

9. 将香妃皮表面放置向下，背面抹上果酱，然后铺上分别切好的蛋糕体，也在表面抹上果酱，再铺一块蛋糕体以达到一定厚度。

10. 用香妃皮将蛋糕包裹成方形长条，静置成型后分别切成小件即可。

家庭烘焙要领

烘烤香妃皮的时候，需要注意火候，颜色不能太重，否则会影响外观，且会因水分的缺失导致口感不好。

黄金海绵蛋糕

原料：

低筋面粉 200 克，鸡蛋 300 克，细砂糖 150 克，黄油 50 克

制作方法

1. 将低筋面粉过筛，备用；黄油置室温软化，再隔热水熔化；鸡蛋提前从冰箱里拿出回温，打入盆中，再将细砂糖一次性倒入。

2. 取一个锅，加入热水，把打蛋器放在热水里加热，并用打蛋器将鸡蛋打发至提起打蛋器滴落下来的蛋糊不会马上消失，可以在盆里的蛋糊表面划出清晰的纹路。

3. 分 3 ~ 4 次倒入低筋面粉，用橡皮刮刀小心地从底部往上翻拌，使蛋糊和面粉混合均匀。不要打圈搅拌，以免鸡蛋消泡。

4. 在搅拌好的蛋糊里倒入熔化了的黄油，继续翻拌均匀。

5. 在烤盘里铺上油纸，把拌好的蛋糕糊全部倒入烤盘。

6. 把蛋糕糊抹平，端起来用力震几下，并把内部的大气泡震出来，让蛋糕糊表面变得平整。

7. 把蛋糕糊放入预热好的 180℃ 的烤箱里，烘烤 15 ~ 20 分钟即可。

> **家庭烘焙要领**
>
> 步骤 4 中倒入黄油后，需要耐心并且小心地数次翻拌，才能让黄油完全和蛋糊融合，一定不可操之过急，不要画圈搅拌。
>
> 对于油脂与蛋糕糊的混合，较好的方法是：往盛黄油的碗里先加入一部分蛋糕糊，将蛋糕糊与黄油拌匀以后，再全部倒入大面盆剩下的蛋糕糊里，并翻拌均匀。

葡萄香草蛋糕

原料：

低筋面粉 100 克，鸡蛋 300 克，塔塔粉 20 克，细砂糖 90 克，牛奶 100 毫升，食用油、葡萄干、香草粉各适量

制作方法

1. 用分蛋器将鸡蛋白、鸡蛋黄分离。

2. 在干净无水的容器中将鸡蛋黄搅散，分次加入 40 克细砂糖，加入食用油、牛奶，低速搅拌均匀。

3. 将低筋面粉、盐过筛，分次倒入步骤 2 中打发好的鸡蛋黄中搅拌均匀，搅拌时间不要过长，否则容易起筋。

4. 在另一干净无水容器内将塔塔粉、香草粉倒入鸡蛋白中，并分次倒入 50 克细砂糖，用打蛋器打发。蛋白打发的程度直接关系蛋糕的膨松程度，所以一定要打发到起尖角，并且静至几分钟也不会松散的程度。

5. 将打发的鸡蛋白分三分之一倒入已经搅拌好的鸡蛋黄面糊中，从底部向上翻着搅拌，切记不可画圈。

6. 再盛三分之一的鸡蛋白倒入面糊中，从底部向上翻着搅拌均匀。

7. 将搅拌好的面糊，倒入剩余的三分之一的鸡蛋白上，继续从底部向上翻着搅拌均匀。

8. 将面糊倒入铺好锡纸的平底盘内，抹平，在面糊上撒一些葡萄干，放入烤箱底层，以上下火 180℃烘烤 25 分钟即可。

香草戚风蛋糕

原料

低筋面粉120克，鸡蛋200克，细砂糖120克，脱脂牛奶60毫升，色拉油60毫升，盐、香草粉、白醋各适量

制作方法

1. 将鸡蛋黄和鸡蛋白分离，鸡蛋黄放在一个干净的盆中，往盆中分次加入色拉油，打发至颜色变淡。

2. 继续加入60克细砂糖和60毫升脱脂牛奶搅拌均匀。

3. 将盐、香草粉、低筋面粉拌匀后筛入鸡蛋黄中，搅拌成无颗粒的鸡蛋黄糊备用。

4. 鸡蛋白放入干净的盆中，滴入适量的白醋，用打蛋器打发至出大气泡。

5. 将另外的60克细砂糖分三次加入鸡蛋白中，将鸡蛋白打发至用打蛋器能拉出三角形。

6. 将三分之一鸡蛋白放到鸡蛋黄糊中不规则地拌匀，再将拌匀的面糊倒入剩下的鸡蛋白中，继续不规则地拌匀。

7. 将拌好的蛋糕糊倒入模具中，抹平并震出气泡。

8. 放入预热好的150℃的烤箱中，烤25～30分钟，取出后立即倒扣在架子上，待凉后方可脱模。

> **家庭烘焙要领**
>
> 蛋糕完全冷却后，即可利用双手沿着模型边缘向下快速轻压蛋糕体，使蛋糕与模型脱离，蛋糕边缘都脱离后，即可由下而上将蛋糕连同模型底盘一起取出，最后双手由蛋糕体边缘向中央推挤，使蛋糕底部脱离模型底盘，即完成脱模。

牛奶蛋糕

原料：

鸡蛋 300 克，细砂糖 280 克，低筋面粉 200 克，色拉油 60 克，牛奶 100 毫升，发粉、香草粉各适量

制作方法

1. 将鸡蛋的鸡蛋白和鸡蛋黄分离，鸡蛋白需要放入无油无水的碗中。

2. 把鸡蛋黄和细砂糖混合，用打蛋器将其打发到体积膨大、状态浓稠、颜色变浅。

3. 分三次加入色拉油，每加一次都要用打蛋器搅打到混合均匀，再加下一次，加入完色拉油的鸡蛋黄仍呈现浓稠状态，继续加入牛奶，再轻轻搅拌均匀。

4. 将低筋面粉、香草粉和发粉混合后筛入鸡蛋黄里，用橡皮刮刀翻拌均匀，成为鸡蛋黄面糊，将拌好的鸡蛋黄面糊放在一旁静置备用。

5. 将打蛋器洗干净并擦干水分以后，开始打发鸡蛋白，将蛋白打发到鱼眼泡状态时，加入 80 克的细砂糖继续搅打，并分两次加入剩下的糖，将蛋白打发到湿性发泡状态。

6. 盛三分之一鸡蛋白霜到鸡蛋黄糊碗里，从底部往上翻拌均匀，将拌匀的面糊倒入剩余的鸡蛋白里，再次翻拌均匀。

7. 把面糊倒入模具内，以上下火 170℃烘烤 25 分钟，将烤好的蛋糕取出，脱模，待冷却后切片即可。

家庭烘焙要领

细砂糖加入的时机以鸡蛋白搅打呈粗白泡沫时为最好，这样既可把细砂糖对鸡蛋白起泡性的不利影响降低，又可使鸡蛋白泡沫更加稳定。若细砂糖加得过早，则鸡蛋白不易发泡；若加得过迟，则鸡蛋白泡沫的稳定性差，细砂糖也不易搅匀搅化。

芝麻雪山蛋糕

原料

低筋面粉 100 克，鸡蛋 200 克，细砂糖 60 克，熟黑芝麻 75 克，色拉油 40 毫升，牛奶 80 毫升，盐、发粉各适量

制作方法

1. 先将鸡蛋的鸡蛋黄和鸡蛋白分开。

2. 把鸡蛋黄和细砂糖混合，用打蛋器打发到体积膨大、状态浓稠、颜色变浅。

3. 分三次加入色拉油，每加一次都要用打蛋器打至混合均匀再加下一次，加入完色拉油的鸡蛋黄仍呈浓稠的状态，再加入牛奶，轻轻搅拌均匀。

4. 低筋面粉和发粉混合后筛入鸡蛋黄里，用橡皮刮刀翻拌均匀，成为鸡蛋黄面糊，将拌好的鸡蛋黄面糊放在一旁静置备用。

5. 将打蛋器洗净并擦干水分以后，开始打发鸡蛋白，将蛋白打发至鱼眼泡状态时，加入三分之一的细砂糖，继续搅打。

6. 分两次加入剩下的细砂糖，将蛋白打发到湿性发泡状态。

7. 盛三分之一鸡蛋白霜到鸡蛋黄碗里，翻拌均匀，将拌匀的面糊倒入剩余的鸡蛋白里，再次翻拌均匀。

8. 把面糊倒入模具中，抹平，在面糊的表面均匀地撒上熟黑芝麻，以上、下火都为 180℃的温度烘烤 15 ~ 20 分钟。

9. 将烤好的蛋糕取出，脱模，冷却后即可。

> **家庭烘焙要领**
>
> 面糊制作好以后，需要尽快使用，不能放置，若不及时烘烤，面糊可能会消泡导致体积变小，烤出的蛋糕组织粗糙、口味不好。

花生酱蛋糕卷

原料:

蛋糕: 鸡蛋 650 克，细砂糖 250 克，盐 2.5 克，低筋面粉 120 克，吉士粉 50 克，高筋面粉 120 克，牛奶香粉 5 克，蛋糕油 25 克，牛奶 50 毫升，色拉油 120 毫升，水 500 毫升

馅料: 花生酱 120 克，牛油 75 克，糖粉 50 克，色拉油 35 毫升

制作方法

1. 将鸡蛋打散倒入搅拌桶中，再加入细砂糖、盐，放入电动搅拌机中，快速打至糖、盐溶化。

2. 在筛网下放入一张纸，倒入低筋面粉，再加入高筋面粉，倒入牛奶香粉、吉士粉，过筛。

3. 往过筛后的粉中加入蛋糕油，然后倒入打好的鸡蛋液中，用电动搅拌机快速打匀，继续加入水、牛奶，用电动搅拌机快速打匀，打至面糊 2 倍起发后，一边搅拌一边缓缓倒入色拉油，打匀后取出。

4. 在烤盘内放入一张白纸，将打好的面糊倒入模具内，填至八成满。

5. 将烤盘放入烤箱中，以上火 200℃、下火 150℃烘烤 30 分钟，将烤好的蛋糕出烤箱后放凉。

6. 将馅料部分的牛油放入盆中，再加入糖粉，用打蛋器搅匀。

7. 分次倒入色拉油，每次倒入一点，拌匀后再倒一点，依次倒完，再加入花生酱，拌匀后即成馅。

8. 将烘烤好的蛋糕对半切开，分别放在蛋糕纸上，在切开的蛋糕上抹上拌匀的花生酱。

9. 在蛋糕纸下放一根圆棍，卷起蛋糕向前堆去，卷成蛋糕卷，放在一边放凉。

10. 待蛋糕凉后将纸取出，切件，挤上花生酱，再撒上防潮糖粉即可。

家庭烘焙要领

蛋糕油一定要在面糊快速搅拌之前加入，这样才能充分搅拌溶解，达到最佳的效果，且蛋糕油加入后搅拌时间不宜太长。

北海道蛋糕

原料

蛋糕：鸡蛋白 540 克，鸡蛋黄 300 克，塔塔粉 5 克，细砂糖 200 克，色拉油 120 毫升，淡奶 60 毫升，奶香粉 2 克，低筋面粉 135 克，发粉 3 克，香草粉 3 克

馅料：牛奶 125 毫升，卡士达粉 45 克，奶油 95 克，淡奶油 375 克，糖 15 克

制作方法

1. 将色拉油倒入盆中，加入淡奶，用电磁炉加热至 70℃搅匀，关闭电磁炉。

2. 往步骤 1 的盆中加入低筋面粉，再加入打散的鸡蛋黄，用打蛋器搅匀，加入发粉、香草粉和奶香粉，继续搅匀，放在一旁待用。

3. 将鸡蛋白倒入搅拌桶中，加入细砂糖、塔塔粉，放入电动搅拌机中搅打至起发成鸡尾状。

4. 将打发好的鸡蛋白取三分之一倒入先前的面糊中混匀。

5. 再将步骤 4 中的面糊倒入打发好的鸡蛋白中搅匀。

6. 将搅匀的面糊填入裱花袋，挤入耐高温纸杯中，放入烤箱，以上火 180℃、下火 160℃烘烤 30 分钟，取出后放凉。

7. 将奶油、淡奶油、糖混匀，用电动搅拌机打至六成起发，再倒入混匀后的牛奶和卡士达粉混匀，取出后填入裱花袋，插入蛋糕中，将奶油挤在蛋糕里，撒上防潮糖粉即可。

> 搅打鸡蛋白霜时要先慢后快，这样鸡蛋白才容易打发，鸡蛋白霜的体积才显得更大。
>
> 家庭烘焙要领

锡纸焗蛋糕

原料：

鸡蛋 300 克，低筋面粉 250 克，细砂糖 250 克，鲜奶 100 毫升，白兰地、草莓果酱、杏仁、盐、食用油、发粉各适量

制作方法

1. 将鸡蛋磕开，把鸡蛋黄和鸡蛋白分离，盛鸡蛋白的碗需要无油无水。

2. 把鸡蛋黄和 40 克细砂糖混合后用打蛋器打发到体积膨大、状态浓稠、颜色变浅。

3. 分三次加入食用油，每加一次都要用打蛋器搅打到混合均匀之后，再加下一次。

4. 加入完食用油的鸡蛋黄仍呈现浓稠状态，继续加入牛奶，轻轻搅拌均匀。

5. 将低筋面粉和发粉混合后筛入鸡蛋黄里，再加入白兰地、盐，用橡皮刮刀翻拌均匀，成为鸡蛋黄面糊。

6. 将拌好的鸡蛋黄面糊放在一旁静置备用。

7. 将打蛋器洗干净并擦干水分以后，开始打发鸡蛋白。

8. 将蛋白打发到鱼眼泡状态时，加入70 克细砂糖继续搅打，并分两次加入剩下的 140 克细砂糖，将蛋白打发到湿性发泡状态。

9. 盛三分之一鸡蛋白霜到鸡蛋黄糊碗里，从底部往上翻拌均匀，将拌匀的面糊倒入剩余的鸡蛋白里，再次翻拌均匀。

10. 把面糊倒入模具内至一半满，然后抹上一层草莓果酱，继续加入面糊至八分满，抹平，并在蛋糕的表面撒上适量的杏仁，以上下火 170℃烘烤 25 分钟，将烤好的蛋糕取出，脱模，冷却即可。

> 鸡蛋黄糊和鸡蛋白霜在混合时拌制动作要轻要快，若拌得太久或太用力，则气泡容易消失，烤出来的蛋糕体积会缩小，应先用部分鸡蛋白霜来稀释鸡蛋黄糊，然后把稀释过的鸡蛋黄糊再与鸡蛋白霜混合，这样才容易混合均匀。

家庭烘焙要领

蜂蜜千层蛋糕

原料：

鸡蛋 600 克，糖 350 克，蜂蜜 40 毫升，鸡蛋黄 60 克，低筋面粉 350 克，高筋面粉 50 克，蛋糕油 20 克，吉士粉 15 克，水 150 毫升，沙拉油 200 毫升

制作方法

1. 将鸡蛋打散倒入搅拌桶中，再加入鸡蛋黄、蜂蜜、糖。

2. 将搅拌桶放入电动搅拌机中，以中速搅拌均匀，至糖溶化。

3. 关闭电动搅拌机，加入低筋面粉，再加入高筋面粉，继续加入吉士粉，开动电动搅拌机，以快速打匀。

4. 加入蛋糕油，以快速打至成原先体积两倍起发，继续一边搅打一边缓缓地分次倒入水，再缓缓地分次加入色拉油，拌匀后取出。

5. 在烤盘内放入蛋糕纸，然后倒入六分之一的面糊。

6. 将烤盘放入烤箱内，以上火 220℃、下火 130℃烘烤 10 分钟。

7. 取出后再倒入六分之一的面糊，放进烤箱以上火 220℃、下火 130℃烘烤 10 分钟，重复此动作 3 次。

8. 取出后再倒入最后六分之一的面糊，放进烤箱以上火 200℃、下火 100℃烘烤 15 分钟。

9. 将烤好的蛋糕取出烤箱，放凉后对半切开，在其中的一半挤入柠檬果膏，用抹刀抹平，将没有抹果膏的一半压在有果膏的一半上，切件即可。

家庭烘焙要领

在蛋糕上涂抹柠檬果膏的时候要注意均匀，确保蛋糕切开后层次分明，均匀美观。

巧克力乳酪蛋糕

原料：

鸡蛋 825 克，鸡蛋白 150 克，细砂糖 425 克，中筋面粉 300 克，水 180 毫升，可可粉 60 克，小苏打 5 克，蛋糕油 20 克，色拉油 225 毫升，乳酪 700 克，淡奶油 50 毫升

 制作方法

1. 将水倒入盆中，放在电磁炉上加热至沸腾。

2. 往沸水中加入可可粉，搅拌均匀后关闭电磁炉，放在一边待用。

3. 将全蛋倒入搅拌桶中，再倒入 275 克细砂糖，放至电动搅拌机中，以慢速打匀，再以快速打至起发，液体呈流线状。

4. 再放入过筛后的中筋面粉，以慢速搅匀，再改快速搅打十分钟左右至成黏稠状，继续放入蛋糕油，用中速搅打成乳白色。

5. 将搅打好的液体取出，然后倒入搅融的可可粉，再放入电动搅拌机中慢速搅匀。

6. 将色拉油缓缓分次倒入正在搅拌的面糊中，搅匀后取出成可可糊，放在一旁待用。

7. 将乳酪倒入搅拌桶中，再倒入 150 克糖，放在电动搅拌机中搅匀至光滑。

8. 将淡奶油倒在鸡蛋白中，将混有淡奶油的鸡蛋白倒入搅拌桶，放入电动搅拌机中打匀成乳酪面糊。

9. 将先前搅好后的可可面糊倒一半入铺有蛋糕纸的烤盘中，放入烤箱，关闭下火，以上火 230℃烤 10 分钟，取出，待放凉后将乳酪面糊倒入可可面糊上。

10. 在烤盘下面放一个装有水的烤盘，入烤箱隔水以上火 230℃、下火 0℃烤 10 分钟，烤好后取出，再倒入另外一半可可面糊。

11. 用刮片抹匀，再放入烤箱，关闭下火，隔水以上火 230℃烤 15 分钟，取出蛋糕纸，切件即可。

> 加入色拉油时，忌一次性快速倾倒下去，这样也会造成浆料下沉和下陷，因为油能够快速消泡。

家庭烘焙要领

香芋紫薯蛋糕

原料

鸡蛋白 450 克，鸡蛋黄 250 克，盐 3 克，塔塔粉 5 克，黄油 200 克，细砂糖 350 克，色拉油 200 毫升，水 200 毫升，低筋面粉 350 克，粟粉 35 克，发粉 5 克，香芋色香油、熟紫薯泥各适量

制作方法

1. 将鸡蛋白倒入搅拌桶中，倒入盐、塔塔粉，用电动搅拌机以快速打至湿性起发，继续加入细砂糖，以快速打至干性起发。

2. 取一个盆，倒入水、色拉油、香芋色香油，搅拌均匀，放置一旁待用。

3. 取一个筛网，在筛网下放一张蛋糕纸，将低筋面粉倒入筛纸内，倒入粟粉、发粉，过筛。

4. 将过筛后的粉倒入盆中，搅拌均匀后再倒入鸡蛋黄，继续搅拌均匀，再分次倒入先前打至干性起发的鸡蛋白，搅匀成面糊。

5. 在烤盘上铺上一层蛋糕纸，倒入面糊，抹匀。

6. 将烤盘放入烤箱内，以上火 180℃、下火 150℃烘烤 30 分钟。

7. 将烤好的蛋糕取出后，切成两等份。

8. 将黄油倒入搅拌桶中，再加入熟紫薯泥，用电动搅拌机快速搅拌均匀，然后将紫薯泥抹在蛋糕上。

9. 将蛋糕卷起成蛋糕卷，放置一旁待用，待凉后切件即可。

> **家庭烘焙要领**
>
> 往鸡蛋黄液中加入低筋面粉、发粉等时，不能过分搅打，只需轻轻搅匀即可，否则会致使面粉产生大量的面筋而影响蛋糕的泡发。

欧式长条蛋糕

原料

鸡蛋 350 克，细砂糖 100 克，中筋面粉 100 克，黄油 60 克，可可粉 15 克，奶油 50 克，香草粉 2.5 克，牛奶香粉 2 克，小苏打 1 克，淡奶 50 毫升，色拉油 80 毫升，巧克力碎、樱桃各适量

制作方法

1. 将鸡蛋打散倒入搅拌桶内，然后加入细砂糖，放入电动搅拌机中以快速搅打至细砂糖融化呈起发状态。

2. 加入中筋面粉，再加入可可粉，放入电动搅拌机以快速搅打 10 分钟左右，成黏稠状面糊。

3. 将黄油放在盆中，加入色拉油，然后用电磁炉加热至 80℃～90℃，期间不断搅拌使黄油熔化。

4. 将牛奶香粉和香草粉一起加入搅打好的面糊中，搅拌均匀后再加入蛋糕油，放入电动搅拌机中以慢速搅匀，再以中速将面糊打至 2 倍起发。

5. 将电动搅拌机调成慢速，然后一边搅拌一边缓缓倒入融化后的黄油，再继续倒入淡奶，搅打均匀。

6. 在烤盘内铺入蛋糕纸，倒入打好的面糊，用抹刀抹平。

7. 将烤盘放入烤箱，以上火 200℃、下火 100℃烘烤 30 分钟，烘烤好后将蛋糕取出放凉。

8. 将蛋糕切成三等份，取一份抹上奶油，在上面覆盖另一份蛋糕，继续在上面抹上一层奶油，然后加上一层蓝莓果酱，再盖上最后一层蛋糕，抹上一层奶油。

9. 将层叠好的蛋糕切件，在蛋糕的表面撒上巧克力碎，再挤入奶油，在奶油上放樱桃装饰。

> 面糊搅拌过度时，表面有小气泡而且光亮，没有弹性的面糊质感软塌又黏手，并且缺乏弹性，容易造成成品体积较扁，表面有气泡，内部组织空洞、粗糙、口感毫无弹性。

家庭烘焙要领

巧克力蛋糕

原料

蛋糕体：奶油 200 克，糖粉 200 克，鸡蛋黄 180 克，低筋面粉 300 克，奶粉 20 克，发粉 7 克，巧克力 200 克，鸡蛋白 400 克，细砂糖 200 克，塔塔粉 5 克，盐 3 克

香酥粒：细砂糖 130 克，奶油 180 克，低筋面粉 360 克

果　碎：提子干、樱桃、核桃、瓜子仁、朗姆酒各适量

制作方法

1. 蛋糕体：将奶油、糖粉混合搅拌至完全均匀，成奶白色。

2. 加入鸡蛋黄，边加入边搅拌至均匀。

3. 然后将低筋面粉、奶粉、发粉加入拌至完全纯滑透彻。

4. 再将巧克力边加入边搅拌，拌至完全混合。

5. 继续将果碎加入并完全拌匀，倒出备用。

6. 将鸡蛋白、细砂糖、塔塔粉、盐混合，以先慢后快的速度搅拌。

7. 拌打成中性发泡鸡蛋白霜。

8. 将拌打好的鸡蛋白霜分次与面糊拌至纯滑均匀。

9. 将拌好的面糊倒入模具中，装至八分满。

10. 将细砂糖、奶油、低筋面粉混合搓成粒状，制成香酥粒。

11. 用香酥粒装饰面糊的表面，然后将模具放入烤箱。

12. 以上火 170℃、下火 130℃的温度烘烤，待蛋糕熟透后出烤箱，将蛋糕脱模即可。

> **家庭烘焙要领**
>
> 果碎可根据自己的喜好自由选择，制作前预先浸泡会更加芳香。

63

椰香蛋卷

原料

蛋糕：鸡蛋 525 克，细砂糖 200 克，盐 2 克，低筋面粉 175 克，高筋面粉 65 克，牛奶香粉 3 克，蛋糕油 25 克，牛奶 40 毫升，色拉油 175 毫升，水 33 毫升

馅料：椰蓉 150 克，糖 100 克，鸡蛋 150 克，香橙果酱 200 克，吉士粉 100 克

其他：果膏适量

制作方法

1. 将鸡蛋打散倒入搅拌桶中，倒入细砂糖、盐，放入电动搅拌机中，以快速打至糖、盐融化。

2. 在筛网下放入一张纸，倒入低筋面粉，再加入高筋面粉，倒入牛奶香粉，过筛，放入蛋糕油，然后倒入打好的鸡蛋液中，用电动搅拌机快速打匀，在打的过程中加入水。

3. 将步骤 2 中的液体打发至原体积的两倍后，换成慢速，加入牛奶拌均匀，然后缓缓加入色拉油，搅匀后取出。

4. 在烤盘内放入一张白纸，倒入打好的面糊。

5. 将烤盘放入烤箱内，以上火 200℃、下火 150℃烘烤 30 分钟。

6. 将烤好的蛋糕取出后放凉，然后抹上一层香橙果酱。

7. 在蛋糕纸下放一根圆棍，卷起蛋糕向前堆，卷成蛋糕卷，放在一边放凉。

8. 将椰蓉倒入搅拌桶中，加入糖、吉士粉、鸡蛋、香橙果酱，放入电动搅拌机中快速搅匀，然后抹在蛋糕卷上，再刷上一层鸡蛋黄液，用竹签在蛋糕上划出斜纹。

9. 将蛋糕放入烘烤箱，关闭下火，以上火 230℃烘烤 15 分钟左右。

10. 将烤好的蛋糕取出后在蛋糕上挤入透明果膏，用刷子刷匀果膏，切件即可。

> 蛋糕卷起来不断裂的前提是蛋糕有足够的柔软度，因此烤的时候要注意火候，不能让蛋糕烤太长时间，否则容易导致水分过度流失，蛋糕变干。
>
> **家庭烘焙要领**

香橙核桃卷

原料

鸡蛋 500 克，细砂糖 200 克，盐 2 克，低筋面粉 250 克，核桃 200 克，高筋面粉 65 克，牛奶香粉 3 克，蛋糕油 25 克，牛奶 40 毫升，色拉油 175 毫升，水 30 毫升，香橙色素、香橙果酱各适量

制作方法

1. 将鸡蛋打散倒入搅拌桶中，倒入细砂糖、盐，放入电动搅拌机中，以快速打至细砂糖、盐融化。

2. 在筛网下放入一张纸，倒入低筋面粉，再加入高筋面粉，倒入牛奶香粉，过筛。

3. 往过筛后的粉中放入蛋糕油，然后倒入打好的鸡蛋液中，用电动搅拌机快速打匀，在打的过程中加入水，打至成原体积的两倍后，换成慢速，加入牛奶搅拌均匀。

4. 取 60 克核桃切碎，加入搅拌桶中，以慢速搅匀，缓缓倒入色拉油，搅匀，加入香橙色素拌匀。

5. 在烤盘内放入一张蛋糕纸，撒入剩下的核桃，倒入打好的面糊并将其抹平，倒面糊时需注意不要让面糊把核桃冲散。

6. 将烤盘放入烤箱内，以上火 200℃、下火 150℃烘烤 30 分钟，取出后放凉。

7. 将蛋糕有核桃的一面向下放在蛋糕纸上，然后在蛋糕上抹上香橙果酱。

8. 在蛋糕纸下放一根圆棍，卷起蛋糕向前堆去，卷成蛋糕卷，放在一边晾凉，切件即可。

> 面糊做好后，必须有一定的稠度，并且尽量不要有大气泡。如果拌好的面糊不断地产生很多大气泡，则说明鸡蛋的打发不到位，或者说搅拌的时候消泡了，需要尽力避免这种情况。
>
> 家庭烘焙要领

虎皮卷

原料

蛋糕体： 牛奶 37 毫升，色拉油 50 毫升，细砂糖 71 克，低筋面粉 75 克，鸡蛋 150 克，发粉、醋、盐各适量

虎　皮： 鸡蛋黄 200 克，糖粉 30 克，玉米粉 16 克

其　他： 果酱适量

制作方法

1. 先制作蛋糕体：鸡蛋分离出鸡蛋黄、鸡蛋白。

2. 往牛奶中加入 16 克细砂糖，搅拌均匀，加入色拉油继续拌匀，再加入鸡蛋黄、低筋面粉、发粉搅拌均匀，成为鸡蛋黄面糊。

3. 将鸡蛋白、醋、盐打至鱼眼泡状态时，开始分三次加入剩余的 55 克细砂糖，打至鸡蛋白硬性起发。

4. 先将三分之一鸡蛋白与鸡蛋黄面糊轻拌匀，再将三分之一鸡蛋白与鸡蛋黄面糊轻拌匀，然后将鸡蛋黄面糊倒进剩余的三分之一鸡蛋白里轻拌匀。

5. 将搅好的面糊倒进铺好锡纸的烤盘里，抹平，放入烤箱。

6. 将烤箱预热，先用全火 200℃烤 10 分钟，后转 160℃烤 23 分钟即可。

7. 将烤好的蛋糕取出，倒扣在烤架上，切去四边硬边，然后涂果酱，趁热卷好，静置 5 分钟备用。

8. 接下来制作虎皮：将鸡蛋黄、糖粉、玉米粉混合，用电动打蛋器打至面糊体积稍大，颜色变白。

9. 将烤箱预热至 220℃，将面糊倒进铺好油纸的平底盘，抹平，放入烤箱，关下火，只开上火，置于上层烤 3 ~ 4 分钟即可。

10. 把烤好的虎皮倒扣，抹上果酱，把刚才烤好的蛋糕体放在虎皮上面，将蛋糕卷起后，用锡纸把卷好的蛋糕包起来，放入冰箱冷藏半小时，定型好后切开即可。

> **家庭烘焙要领**
>
> 要烤出虎皮花纹，鸡蛋黄一定要打发好，并且用 200℃的高温烘烤，使鸡蛋黄受热变形收缩，就会出现美丽的"虎皮"花纹了。

竹叶卷

原料

鸡蛋 1000 克，细砂糖 450 克，盐 5 克，低筋面粉 350 克，高筋面粉 150 克，蛋糕油 50 克，牛奶 80 毫升，色拉油 300 毫升，水 75 毫升，香橙果泥适量

制作方法

1. 将鸡蛋打散倒入搅拌桶中，再加入细砂糖、盐，放入电动搅拌机中，快速将鸡蛋和细砂糖、盐打至融化。

2. 在筛网下放一张蛋糕纸，将高筋面粉倒入筛网内，再放入低筋面粉。

3. 在筛好的粉上放入蛋糕油，然后倒入搅拌桶中，以慢速拌匀，继续加入水，然后以慢速搅打至膨胀成两倍，转成快速，缓缓加入牛奶，拌匀牛奶后，再缓缓倒入色拉油，拌匀后取出。

4. 在烤盘内放入蛋糕纸，然后倒入打好的面糊。

5. 取适量鸡蛋黄，填入裱花袋内，在面糊上挤斜线，然后用竹签在相反方向划下划痕。

6. 将蛋糕放入烤箱，以上火 200℃、下火 160℃烘烤 30 分钟。

7. 将烘烤好的蛋糕取出，待凉后切成四等份。

8. 将蛋糕反转过来，从中间剖开，抹上香橙果泥。

9. 在蛋糕纸下放一根圆棍，卷起蛋糕向前堆去，卷成蛋糕卷，切件即可。

> **家庭烘焙要领**
>
> 用竹签在面糊上划痕的时候可深一些，以免烘烤之后线条变得模糊，致使条纹不能明显显现出竹叶形。

香橙慕斯

原料：

蛋糕： 鲜奶 260 毫升，色拉油 160 毫升，蜂蜜 80 毫升，水 50 毫升，白兰地 40 毫升，低筋面粉 200 克，鸡蛋黄 250 克，巧克力 400 克，鸡蛋白 500 克，细砂糖 300 克，塔塔粉 8 克

慕斯： 奶油 200 克，奶油芝士 30 克，牛奶 30 毫升，水 35 毫升，吉利丁片 10 克，香橙果酱 50 克，樱桃、火龙果、朗姆酒各适量

制作方法

1. 先制作巧克力蛋糕：将鲜奶、色拉油、蜂蜜、水混合，再加入低筋面粉搅拌至无粉粒状，继续加入鸡蛋黄拌至均匀。

2. 将巧克力加热熔化后拌入，完全搅拌均匀后成面糊备用。

3. 将鸡蛋白、细砂糖、塔塔粉混合，以先慢后快的速度搅拌，拌打至硬性发泡呈鸡尾状。

4. 将鸡蛋白霜分次与面糊混合拌透，倒入已垫纸的烤盘中，将面糊抹平，入烤箱以上火 180℃、下火 130℃的温度烘烤。

5. 将烤好的蛋糕取出，冷却，切小块。

6. 然后开始制作香橙慕斯：将奶油芝士放在盆中，放在电磁炉上隔水加热，期间不断搅拌。

7. 再慢慢倒入牛奶，拌匀，再加入水搅匀，继续加入浸泡软的吉利丁片。

8. 将盆放在电磁炉上隔水加热，搅拌至吉利丁片熔化，倒入适量朗姆酒，再加入香橙果酱，搅拌均匀。

9. 倒入打发好的奶油，用打蛋器搅拌均匀。

10. 取一个模具，在里面放入一片巧克力蛋糕，再倒入一部分搅匀的奶油，将奶油抹平，继续放入一块小一点的巧克力蛋糕，在上面再倒入奶油至和模具同高。

11. 用抹刀将奶油抹平，然后放入冰箱冷却至凝固，待凝固后取出。

12. 用火枪加热模具，取出模具。

13. 用裱花袋在慕斯上挤入香橙果酱，用抹刀抹平，切件后用慕斯围边纸围起，放上巧克力片和樱桃、火龙果装饰即可。

家庭烘焙要领

若喜欢淡一点的巧克力蛋糕，可加入少量牛奶巧克力取代黑巧克力，要加重口味则需加入多一点的黑巧克力。

香草慕斯

第一章
家庭烘焙基础知识

第二章
饼酥

第三章
蛋糕

第四章
面包

第五章
挞派比萨

原料：

鸡蛋黄 75 克，糖 30 克，香草粉 60 克，柠檬汁 15 毫升，吉利丁片 5 克，淡奶油 100 毫升，鲜奶油 130 克，朗姆酒 80 毫升，水果、巧克力片各适量

制作方法

1. 淡奶油和鲜奶油混匀，用搅拌机搅至起发。
2. 将鸡蛋黄倒入盆内，加入糖，用打蛋器打匀。
3. 放入浸泡过的吉利丁片，放在电磁炉上隔水加热至 80℃左右，期间不断搅拌，关闭电磁炉，倒入起发好的奶油，用打蛋器打匀。
4. 将香草粉倒入朗姆酒中，搅匀，放在电磁炉上隔水加热至 90℃，期间不断搅匀，取出放在一边冷却至 40℃左右。
5. 将朗姆酒倒入奶油内，用打蛋器打匀，再加入柠檬汁，搅匀。
6. 用慕斯硬围边纸围成一个圆筒，在里面放入一片蛋糕。
7. 将奶油填入裱花袋内，挤在蛋糕上，上面再放一片小一点的蛋糕。
8. 在蛋糕上面挤入奶油，放进冰箱凝固。
9. 待蛋糕凝固后取出，插上巧克力片，再放上水果装饰即可。

> **家庭烘焙要领**
>
> 选用朗姆酒可以使慕斯口感更加甜润，并且富有芬芳馥郁的气味，因为朗姆酒是以甘蔗糖蜜为原料生产的一种蒸馏酒，是古巴三大知名产品。注意朗姆酒一定要隔水加热，刚刚出现微小气泡时即可。

布丁天使蛋糕

原料：

蛋糕体： 鸡蛋白600克，细砂糖250克，塔塔粉6克，盐5克，牛奶150毫升，色拉油150毫升，低筋面粉250克，粟粉50克，发粉5克

布 丁： 水300毫升，糖20克，布丁粉50克，黄油10克，鸡蛋黄30克

制作方法

1. 首先制作蛋糕：将450克鸡蛋白倒入搅拌桶中，再倒入盐、塔塔粉，用电动搅拌机以快速打至湿性起发。

2. 继续加入细砂糖，以快速打至干性起发。

3. 取一个盆，倒入牛奶，倒入色拉油，搅拌均匀，放置一旁待用。

4. 取一个筛网，在筛网下放一张蛋糕纸，将低筋面粉倒入筛纸内，再倒入粟粉、发粉，过筛。

5. 将过筛后的粉倒入干净的盆中，搅拌均匀。

6. 分次倒入剩余的150克鸡蛋白，搅拌均匀。

7. 再分次倒入先前打至干性起发的鸡蛋白，搅匀成面糊。

8. 将面糊倒入刷过油的模具中。

9. 在烤盘中放入水，将烤盘放入烤箱内，以上火180℃、下火160℃烘烤30分钟，出烤箱后倒扣在架上，脱模。

10. 接下来制作布丁：将水倒入盆中，继续倒入布丁粉、细砂糖、黄油、鸡蛋黄，用电磁炉一边加热一边搅拌均匀。

11. 在筛网下放一个碗，将盆内的布丁水倒入筛网内过筛。

12. 将过筛后的布丁水倒入模具内至约0.5厘米高，放进冰箱冷却至凝固。

13. 凝固后脱模，盖在已出烤箱的蛋糕上即可。

家庭烘焙要领

　　盐在天使蛋糕中是一种很重要的配料，有增加蛋糕洁白程度的作用，使烤出来的蛋糕洁白。另外，盐还可以增加蛋糕的香味。

全麦天使蛋糕

原料

鸡蛋白 650 克，盐 5 克，塔塔粉 5 克，细砂糖 300 克，色拉油 150 毫升，发粉 5 克，牛奶 200 毫升，低筋面粉 100 克，全麦粉 150 克，粟粉 50 克

制作方法

1. 将 450 克鸡蛋白倒入搅拌桶中，继续倒入盐、塔塔粉，用电动搅拌机快速打至湿性起发。

2. 继续加入细砂糖，以快速打至干性起发。

3. 取一个盆，倒入牛奶，再倒入色拉油，搅拌均匀，放置一旁备用。

4. 取一个筛网，在筛网下放一张蛋糕纸，将低筋粉倒入筛纸内，倒入粟粉、发粉，过筛。

5. 过筛后倒入全麦粉。

6. 将过筛后的粉倒入盆中，搅拌均匀。

7. 分次倒入剩余的 200 克鸡蛋白，搅拌均匀。

8. 再分次倒入先前打至干性起发的鸡蛋白，搅匀成面糊。

9. 将面糊填入裱花袋，挤入刷过油的模具中。

10. 在烤盘中放入水。

11. 将烤盘放入烤箱内，以上火 180℃、下火 160℃烘烤 30 分钟。

12. 待蛋糕熟透后出烤箱，把模具倒扣在架上，脱模即可。

> 如不喜欢吃甜味较重的蛋糕，可以在鸡蛋白糊中放入葡萄干、蜜豆等来调节味道，再适量减少细砂糖的用量。
>
> 家庭烘焙要领

大理石蛋糕

低筋面粉 180 克，无盐黄油 180
克，细砂糖 150 克，鸡蛋 250 克，
柠檬汁 10 毫升，糖粉 60 克，可
可粉 10 克，牛奶 30 毫升

制作方法

1. 将鸡蛋磕开，将鸡蛋黄和鸡蛋白
分开，分别放入两个干净的容器中。

2. 黄油在室温下软化后，用打蛋器
打匀，然后将 75 克细砂糖分次加入
黄油中，用打蛋器打至蓬伤发白状。

3. 在打发的黄油中一个一个加入鸡
蛋黄，每加入一个都要搅拌均匀后再
加入下一个，搅拌均匀后再加入柠檬
汁拌匀。

4. 鸡蛋白用打蛋器打出鱼眼状，分
次加入糖粉，打至硬性发泡。

5. 低筋面粉过筛后，分次加入到鸡
蛋黄糊中，切拌均匀，然后加入打发
好的鸡蛋白，用橡皮刮刀切拌均匀。

6. 将牛奶和可可粉混合，调成可可
奶液。

7. 将面糊分成两份，一份中加入可
可奶液，翻拌均匀成可可面糊。

8. 将两种颜色的面糊交替倒入蛋糕
模中，用筷子沿中间转一圈划出大理
石效果。

9. 烤箱预热后，将烤模移入烤箱中，以 170℃的温度烘
烤 20 分钟。

10. 烤好后把烤模倒扣在蛋糕架上，取下模具，待蛋糕凉
后切件即可。

家庭烘焙要领

鸡蛋白糊和鸡蛋黄糊混合的时
候一定要切拌，而不是搅拌，否则
会消泡。

切拌就是像切菜那样切，而不
是搅。如果掌握不好，可以用手代
替，带好手套，用整个手掌护着盆
边来翻动蛋糊，翻拌的时候，手尽
量隐藏在蛋糊中。

第四章

面包

面包小课堂

面包制作基本流程

面包是以面粉为主要原料，以酵母、盐、糖、水、油脂、鸡蛋等为辅料，经过和面、发酵、整型、烘烤、冷却等程序加工而成的焙烤食品。

流程一：材料调制

面粉：面粉在使用前必须过筛，以防止杂质渗入，并打碎面粉团块，使粉体更细腻，混入更多气体，有利于酵母菌的生长与繁殖。

酵母：活性干酵母在使用前可以用适温的水溶解，然后加入搅拌面团，切不可混入油腻或高浓度的盐溶液及糖溶液等抑菌物质。鲜酵母在使用前需提前从冰箱中取出使其软化，然后用5倍以上的25℃左右的温水搅拌溶解。

流程二：揉面

揉面不仅是为了把原料混合均匀，而且在揉的过程中会使得面团中的谷蛋白重新排列，形成面筋。面筋具有弹性，可以保持面团里产生的气体，形成面包里大大小小的气孔。如果面团不经过这一道工序，那么面包里就只有大小均一的微小气孔，就像松饼那样。

滚压、叠压、均匀加压是一些常见的揉面手法，揉7~8分钟后，面团的黏稠度发生了明显变化，变得柔滑，再揉上2～3分钟即可。

流程三：饧发

饧发也叫发酵，把揉好的面团放到大碗里，一般温度掌握在35℃～40℃，时间一般为30～150分钟，相对湿度为80%～90%，饧发后的体积增至饧发前的两倍为宜。为了避免面团粘在碗的底部，可以在碗底涂抹一些食用油。饧发时，先在面团上盖上一块毛巾，让它独自饧发一会儿。

饧发面团后，应确定酵母被活化，面筋已经形成。酵母发酵产生二氧化碳气体，使面团膨胀并形成气孔。

流程四：搓圆和整型

有些配方在整型前只要求一次饧发，而有些则要求在第一次饧发好后，再次搓揉面团，这样面团会变小一些，所以需要第二次甚至多次饧发。

搓圆的目的是释放出更多的食物给酵母，酵母被喂养的时间越长，面包的味道也就越丰富。不过如果饧发次数太多，则会形成不理想的味道，因为酵母不仅产生二氧化碳，也会产生乙醇和酸，如果酸度过高，酵母就会死亡。

最后一次饧发后，可以将面团进行整型，让面团再静置1小时左右，使其体积扩展到原来的2倍。

流程五：释放气体

用刀片在面团上划一些口子，释放出一些气体，以避免面团过度膨胀。在烘焙面团的前5分钟，面团有一个最后的快速膨胀期，这是由于随着温度的增加，酵母的活性会愈来愈强，直到高温把酵母杀死。

很多面包师在烘焙面包时会使用一些耐温石，可以保持温度，延长"烤箱快速膨胀期"。

流程六：烘焙

待面团再次增大到原来的2倍时，放入烤箱烘焙，一般烤箱预热到150℃～200℃，烘焙15～45分钟。不过也要根据面团的具体形状来调整烘焙温度和时间。

流程七：冷却

面包烘烤好之后取出，大部分面包冷却后切片或直接食用。

制作面包时的常见问题

制作面包时会面临很多难题，在熟悉面包制作原理时要不断积累经验，随机应变，才能更好地掌握面包制作技艺。下面为大家指出一些面包制作的常见问题。

1. 搅拌过度。面团搅拌过度，可能导致面包在发酵产气时很难保住气体，面包体积变小。

2. 水量过多或过少。水的多少将影响面团的软硬，水分少会使面粉的颗粒未能充分水化，致使面筋的性质较脆，在扩展开始不久，就易使面筋搅断，无法再使面筋充分地扩展，所以做出来的面包品质较差。

3. 温度。面团温度太高，会失去良好的伸展性和弹性，使面团变得脆、湿，对面包的品质有很大的影响。

4. 烤箱预热温度不足。成型产品随即入烤箱，使得烘烤时间延长，水分过度蒸发。烘焙损耗大，产品表皮厚、颜色浅，是因为热量不足，表皮无法充分焦化，以致缺乏金黄色泽，而内部组织粗糙。此外，炉门打开时间过长也会导致炉温下降。

5. 烤箱温度太高。烘烤时面包表面过早形成硬皮，使得内部组织膨胀受到压制，并且因产品表面着色较快，使操作者误认为产品已烤好而提前结束烘烤，这种面包的内部较黏而密实，达不到应有的松软，也没有正常的香味。

6. 烤箱预热时间太长。预热过久，内部炉膛聚集太多热量，较低温度的面团一入烤箱，所有的热源会在烘烤过程的最初阶段集中于面团表面，形成太强的大火，随即热度消失快速降温，不稳定的炉内温度造成产品内部难熟。其改善之道为可在预热时事先放一杯水缓和热度，或在面团入烤箱前先打开炉门让冷空气进入，赶走过多的热量以稳定炉温。

7. 面团在烤盘上的摆放位置不当。造成受热不均，可改变排列方式，调整面团间隔空间使受热较为均匀。

8. 烘烤时间太长或不及。炉温的高低、烘焙时间的长短要随面团数量的多寡而调整。面团数量少的烤盘空间较多，金属传导热辐射的热能大，所以底火要较低些；面团码放较多时，下火可以高些。烘烤时间的长短也需灵活调整，可由面团外表的变化来观察其烘烤情况。面团从外向内受热，水分子形成蒸气而使面团中心膨胀隆起，但尚未固化。等到面团或面糊烟化后继续加温使气体蒸发进而着色，面团外围稍微离模即可。如继续烘烤，则成品边缘开始变焦，成品就会偏黑偏干。

9. 烘烤过程中冷热变化太大，会造成面团剧烈收缩。所以，烘烤过程必须注意维持温度的稳定性，并避免振动。

10. 出烤箱后的面包侧腰收缩凹陷。一般情况下，面包烤熟出烤箱后就应该马上从烤模内倒出或倒扣，这样可以避免过度收缩的情形。若仍不能解决，则可能是烘烤时间不够或配方内水分太多，应适度延长烘烤时间或减少配方内水分。

汉堡面包

一定要等到面包放凉后才能切开，否则太软，切时容易跑刀，会出现薄厚不均的现象。

原料

中 种：高筋面粉 700 克，酵母 4 克，水 280 毫升，全蛋 50 克

主面团：高筋面粉 300 克，酵母 4 克，改良剂 8 克，细砂糖 140 克，盐 10 克，奶粉 16 克，奶油 50 克，水 180 毫升

肉 馅：碎牛肉 500 克，全蛋 150 克，玉米粉 50 克，细砂糖 20 克，味精 10 克，盐 10 克，胡椒粉 5 克，五香粉 3 克，面粉 50 克，洋葱 100 克

其 他：白芝麻、沙拉酱、火腿、生菜各适量

1. 先将中种部分的高筋面粉、酵母拌匀。

2. 加入清水、全蛋拌匀，转中速搅拌至面团卷起即可。

3. 面团温度为 25℃时，覆盖保鲜膜发酵约 3 小时，至原来体积的 3～4 倍即可。

4. 将发酵完成的面团与主面团的细砂糖、清水一起搅拌成糊状。

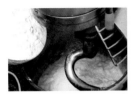

5. 加入高筋面粉、改良剂、酵母、奶油慢速拌匀后转快速搅拌。

6. 搅拌至表面光滑后，加入奶油、盐，慢速拌匀后转快速搅拌。

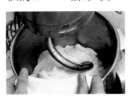

7. 待面团可拉出成均匀的薄膜状即可。

8. 面团温度为 28℃，覆盖保鲜膜发酵约 20 分钟。

9. 将面团分成每个约 70 克的小份，用手轻轻搓圆至表面光滑。

10. 覆盖保鲜膜饧发约 10 分钟。

11. 将饧好的面团用手压扁排气。

12. 再次将面团搓圆至表面光滑、面团结实。

13. 在表面粘上白芝麻，排入烤盘后，放入发酵柜以温度 38℃、湿度 75% 作最后饧发。

14. 待面团发酵约 80 分钟，至原来体积的 2～3 倍即可，入烤箱以上火 200℃、下火 190℃烘烤约 15 分钟。

15. 待烤熟的面包冷却后在侧面切两刀，每层挤上沙拉酱。

16. 在刀口上分别夹上火腿、生菜、汉堡肉馅。

汉堡肉馅制作步骤

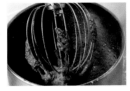

1. 将汉堡肉馅全部材料倒入搅拌机中充分搅拌均匀。

2. 将汉堡馅分成适当的分量后粘上面包糠。

3. 将粘上面包糠的汉堡馅压扁成圆形。

4. 将菜油烧至 170℃后，将汉堡馅放入炸熟即可。

奶香菠萝包

原料

面团：中筋面粉 300 克，酵母 10 克，细砂糖 40 克，牛奶 200 毫升，盐 5 克，黄油 45 克，鸡蛋 50 克

菠萝皮：无盐黄油 45 克，糖粉 50 克，鸡蛋液 30 克，低筋面粉 85 克

奶酥馅：糖粉 20 克，鸡蛋液 15 毫升，奶粉 60 克

制作方法

1. 牛奶加热至微温，加入酵母和 40 克细砂糖放置 10 分钟。

2. 在面盆中放入中筋面粉、盐和 50 克鸡蛋，加入准备好的牛奶酵母液，混合均匀成一个面团。

3. 揉和均匀后放置 15 分钟，然后揉入已经软化的黄油 45 克。

4. 将揉入黄油的面团反复揉按，直到面团的延展性增强，可以拉出薄薄的面片。

5. 将面团用保鲜膜盖好，室温发酵至体积变成两倍大。

6. 将发酵好的面团分成均等的 8 份，滚圆后盖上保鲜膜饧发 10 分钟。

7. 将奶酥馅的用料全部混合均匀。

8. 将菠萝皮用料中的黄油在室温下软化，加入糖粉用打蛋器打至膨松状，分次加入鸡蛋液继续搅拌至融合。

9. 最后加入过筛的低筋面粉搅拌均匀成菠萝皮面团，也分成均等的 8 份。

10. 将每个发酵的面团分别按扁擀平，包入适量奶酥馅，然后整理成圆形的面包胚。

11. 菠萝皮也分别擀平包裹在面包胚外面，并用餐刀划出方格。

12. 将菠萝包胚码入铺好烘焙纸的烤盘中，放在 30℃ 以上的地方进行二次发酵，膨胀至原来的 1.5 倍即可。

13. 烤箱预热后将经过二次发酵的菠萝胚移入烤箱中层，以 180℃ 烘烤 20 分钟即可。

> 做菠萝皮的时候，如果拌好后菠萝皮仍然很黏，可以适量补些低筋面粉，以菠萝皮刚好不粘手为宜。
>
> 传统菠萝包是没有夹馅的，但你也可以在制作的时候在里面包入各种馅料，比如豆沙馅、奶黄馅以及菠萝馅等。
>
> **家庭烘焙要领**

燕麦核桃小法包

原料:

高筋面粉 800 克，低筋面粉 200 克，酵母 12 克，盐 10 克，水 650 毫升，燕麦片、核桃粉各适量

制作方法

1. 将高筋面粉、低筋面粉、酵母、盐、水、核桃粉放入搅拌机内慢速拌匀。

2. 转中速搅拌成面团（约 4 分钟，面团温度 28℃）。

3. 在面团上盖上薄膜，然后放在常温下发酵 30 分钟。

4. 发酵完成后将面团分割成每份约 150 克的小面团。

5. 在案板上撒一些面粉，把小面团轻轻卷成棍形。

6. 再盖上薄膜饧发 30 分钟，饧好后用手掌拍扁排气。

7. 将面团由上而下卷成小椭圆形，表面粘上燕麦片。

8. 排入烤盘，放进发酵箱最后饧发，温度 35℃，湿度 80%。

9. 饧发至原体积的 2.5 倍左右即可。

10. 放入烤箱，以上火 200℃、下火 180℃ 的温度烘烤约 20 分钟即可。

> **家庭烘焙要领**
>
> 面包放在烤箱内的位置也因制作面包的大小而有所不同。一般来说，薄片面包放上层，中等面包放中层，吐司等较大的面包需要放在烤箱中下层，才能保证上下受热均匀，必要时可以加盖锡纸以免上色过重。

红豆菠萝包

原料：

面 团： 高筋面粉 150 克，奶粉 15 克，盐 5 克，细砂糖 30 克，鸡蛋液 15 毫升，酵母 3 克，水 70 毫升，黄油 15 克

菠萝皮： 低筋面粉 50 克，糖粉 25 克，盐 5 克，鸡蛋液 15 毫升，奶粉 10 克，黄油 30 克

面包馅： 红豆馅适量

制作方法

1. 根据一般面包制作方法，把高筋面粉、奶粉、盐、细砂糖、鸡蛋液、酵母、水、黄油搅拌均匀揉成面团，面团揉至扩展阶段，置于 28℃左右发酵 1 小时左右。

2. 发酵到 2.5 倍大，用手指蘸面粉戳一个洞，洞口不会缩即可。

3. 排气，分割成 4 份，滚圆，发酵 15 分钟。

4. 中间发酵的时候可以准备菠萝皮。将软化的黄油用打蛋器打到发白，倒入糖粉、盐、奶粉搅拌均匀。

5. 分三次加入鸡蛋液（要充分将鸡蛋液与黄油混合再加下一步，以免油水分离，影响菠萝皮的酥性）。

6. 搅拌至黄油与鸡蛋液完全融合。

7. 倒入低筋面粉，用勺子轻轻拌匀。

8. 拌至光滑不粘手即可，案上施薄粉，把菠萝皮搓成条状，切成 4 份，包入红豆馅。

9. 左手拿起一块菠萝皮，右手拿起一块面团，把面团压在菠萝皮上，稍微用力，将菠萝皮压扁。

10. 右手采用由外向里的方式捏面团，让菠萝皮慢慢"爬"到面团上来。

11. 继续由外向里捏面团，一直到菠萝皮包裹住四分之三以上的面团，收口向下，菠萝皮包好了。

12. 在菠萝皮表面轻轻刷上鸡蛋液，用小刀轻轻地在菠萝皮上划出格子花纹。

13. 划好花纹后，发酵到 2.5 倍左右大，放入预热好的烤箱，以 180℃烤 15 分钟左右即可。

家庭烘焙要领

低成分面团（只用面粉、盐、酵母、水制成的面团）分割宜在 20 分钟内完成。高成分面团（除以上四大基本材料外，油脂、乳制品、鸡蛋成分较高的面团）分割时间则不受限制。

手指面包

原料：

高筋面粉 200 克，酵母 3 克，糖 10 克，盐 4 克，黄油 20 克，水 110 毫升，鸡蛋液适量

制作方法

1. 将高筋面粉、酵母、糖、盐、黄油、水混合均匀，揉至光滑。

2. 然后加入黄油揉至出薄膜。

3. 发酵至两倍大，直到用手指按在面团上，面团不会反弹为宜。

4. 分成每份约 32 克的小面团，滚圆，上面盖保鲜膜静置 10 分钟。

5. 分别擀长，盖保鲜膜再静置 10 分钟。

6. 再分别擀长到合适的长度。

7. 在长面条上刷鸡蛋液。

8. 将面包条放在烤盘上。

9. 再次发酵 30 分钟。

10. 烤箱预热，以 180℃烘烤 15 分钟左右即可。

家庭烘焙要领

如果面团发酵过度或发酵温度太高时，则面团会变得黏稠，凹痕不会恢复，且面团难以操作，并带有酸味而使产品品质较差。

金砖吐司

原料:

高筋面粉 390 克,低筋面粉 100 克,奶粉 30 克,细砂糖 40 克,盐 7 克,酵母 12 克,鸡蛋 50 克,水 245 毫升,无盐黄油 40 克,片状黄油 230 克

制作方法

1. 将除无盐黄油和片状黄油外的全部原料混合搅拌,搅拌至面团表皮细腻光滑且不粘面盆。

2. 加入无盐黄油继续搅拌,面团搅拌至可以拉出大片薄膜状,在表面盖湿布静置发酵约 20 分钟。

3. 取出面团用走锤擀成长圆形,覆保鲜膜放入冰箱冷藏室饧发 20 分钟。

4. 取出面团擀成中间厚两边薄的形状,中间放上准备好的片状黄油。

5. 将两侧的面团向中间折叠,盖住黄油,捏紧封口以避免擀制时漏出。

6. 用走锤轻压面团表面,测试中间包裹的黄油软硬度和方便面团擀开。

7. 用走锤包裹片状黄油的面团擀成长方形,两边向中间对折,然后折叠,就像叠被子一样。

8. 第一次 4 层折叠完成,面团覆保鲜膜入冰箱冷藏室饧发 15 ~ 20 分钟。

9. 取出面团用走锤擀长,三折折叠后入冰箱冷藏室饧发 15 ~ 20 分钟。

10. 取出面团擀成长方形,三折折叠后放入冰箱饧发 15 ~ 20 分钟,取出,擀成长方形。

11. 用刀裁掉四周边角,按每刀间距约 1.2 厘米裁成三条一个(两刀不断一刀断)共三块(横板摸用),间距约 0.9 厘米,三条一块共三块(竖版模用)。

12. 将三条侧面翻转过来(切面朝上)后交叉编织,编成辫子状面团,尾部捏紧收口。

13. 将面团两头对折捏紧收口整型完成,其他依次类推。

14. 一个模具里放 3 块,表面覆保鲜膜,放温暖处最终发酵,发酵至 9 分满后盖上盖子入烤箱。

15. 烤箱预热,把面团胚子放入烤箱中下层,以 180℃烘烤 40 分钟,取出脱模即可。

> 烤好的面包取出后要马上从烤盘中取出,放在烤架上,不然水蒸气会将烤好的面包底部变软,影响面包的口感。

家庭烘焙要领

夏威夷吐司

原料：

种面：高筋面粉 1000 克，酵母 6 克，清水 600 毫升

主面：高筋面粉 1000 克，盐 36 克，细砂糖 80 克，酵母 24 克，全蛋 160 克，洋葱丁 600 克，改良剂 20 克，奶油 300 克，清水 400 毫升

其他：火腿丝、青椒丝、红椒丝、奶酪条、沙拉酱各适量

制作方法：

1. 将高筋面粉、酵母放入搅拌机拌匀。

2. 加入水搅拌成面团即可。

3. 放入烤盘或胶箱，覆盖保鲜纸，在 25℃ 环境下发酵 3 小时，至原来体积的 3 ~ 4 倍大。

4. 将发酵完成的面团放入缸内，加入细砂糖、全蛋水拌至糊状，将细砂糖全部溶化。

5. 加入高筋面粉、酵母、改良剂，用慢速拌匀后转快速拌至表面光滑。

6. 加入奶油、盐拌匀，用手拉出均匀薄膜状。

7. 加入洋葱丁用慢速拌匀即可。

8. 整理后放入烤盘内，面团温度 27℃，覆盖保鲜膜发酵 30 分钟。

9. 将面团分割成每个约 100 克的小份，轻轻搓圆至表面光滑，装入烤盘覆盖保鲜膜，饧发约 10 分钟。

10. 将饧好的面团用擀面棍擀开，放上青辣椒与红椒丝，由上至下搓成长圆形。

11. 排入已扫油的模具内，以温度 38℃、湿度 80% 最后饧发，发酵至 8 ~ 9 分满即可。

12. 表面扫上全蛋液，放上火腿丝、青椒丝、红椒丝和奶酪条。

13. 挤上沙拉酱，放入烤箱，以上火 180℃、下火 210℃ 烘烤 30 分钟。

> **家庭烘焙要领**
>
> 吐司实际上就是用长方形带盖或不带盖的烤听制作的听型面包。用带盖烤听烤出的面包经切片后，夹入火腿或蔬菜后即为三明治。
>
> 吐司温度高时，较为松软，低温的状态下会变硬，风味口感都会差很多。

牛奶吐司

原料：

高筋面粉 300 克，酵母 3 克，牛奶 150 毫升，鸡蛋液 40 克，糖 50 克，盐 5 克，无盐黄油 30 克

制作方法

1. 将除牛奶和黄油外的所有原料放入面包桶内，注意不要将酵母和盐、糖放在一起，要各放一边，先搅拌 1 分钟。

2. 先加入一半的牛奶，待面粉吸收完，再加另一半，搅拌均匀。

3. 进行完一个"和面"程序（时间为 15 分钟），面团基本形成，用手抓一下面团，测试一下面团的湿度是否合适。手抓之后，手上基本干净、有少量面粉粘在手上就说明面团湿度适宜。

4. 再次进行完一个"和面"程序，轻轻拉开面团，发现面团可以勉强撑出膜来，说明已经具有延展性。

5. 放入软化后切成小块的黄油，第三次开启"和面"程序。

6. 第三次"和面"程序结束，揉面总共用了 45 分钟，面团表面已经很光滑。

7. 将面团整型，重新放入面包桶内，进行基础发酵，将面团发酵至两倍大。

8. 将面团按扁排气后，分割成两份，饧发 15 分钟。

9. 将饧发好的面团擀成长条形，再卷起，封好口。

10. 取出搅拌刀，将面团放入面包桶内，进行第二次发酵。注意第二次发酵的温度要比第一次发酵要求高，最好在 38℃左右。

11. 二次发酵至吐司模七八分满，表面刷鸡蛋液。

12. 烤箱预热 180℃，将吐司胚置于烤箱中下层，烤制 30 分钟即可。

家庭烘焙要领

刚开始揉面的时候，应不时地用橡皮刮刀将周围的面粉都聚拢起来，这样可以加快面粉成团的速度。

启动第一个揉面程序时，要控制好牛奶的量。牛奶少了，面团干，膜撑不开，也不要一次性把配方中的牛奶全部加入，应该先加三分之二或一半。

椰皇吐司

原料：

面　团：高筋面粉 270 克，鸡蛋 25 克，水 150 毫升，糖 40 克，盐 3 克，黄油 15 克，酵母 3 克

椰皇馅：黄油 70 克，糖 50 克，鸡蛋 25 克，奶粉 40 克，椰丝 70 克

制作方法

1. 将除黄油外的面团材料都放进打蛋桶里。

2. 揉至稍光滑后，放入 15 克黄油。

3. 拌匀后，揉成面团。

4. 将面团放入涂了一点油的保鲜袋里面，扎好口。

5. 放温暖处发至 2.5 倍大。

6. 制作椰皇馅：黄油室温软化，加入糖搅匀，再加鸡蛋搅匀，放入椰丝和奶粉，拌匀备用。

7. 发好的面团取出排气，分成二等份，放一边饧发 15 分钟。

8. 饧发好的面团碾成比较宽的长舌状，表面抹上椰皇馅，再由上往下卷成圆柱，中间深切一刀（不用切断）。

9. 两头向中间卷进去（像卷花卷一样）即可。

10. 卷好的面团整齐地排放在吐司模里，再放到温暖处发至 9 分满。

11. 烤箱预热 180℃，最下层用烤网烤 38 分钟。

在烤吐司的时候，不太容易掌握温度与时间，因为各烤箱情况不同。吐司表面已经金黄，但出烤箱脱模后外侧比较白或者内心发黏，表示烘烤程度不够，需要下次适当降低温度并延长烘烤时间。

家庭烘焙要领

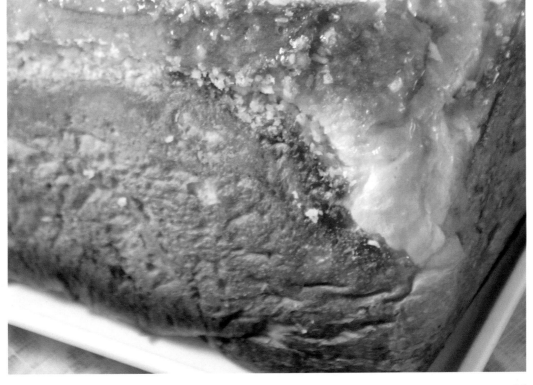

三明治

原料

面 团：高筋面粉 300 克，酵母 3 克，牛奶 150 毫升，鸡蛋液 40 克，糖 50 克，盐 5 克，无盐黄油 30 克

馅材料：沙拉酱、火腿片、煎好的鸡蛋各适量

 制作方法

1. 将除牛奶和黄油面团外的所有材料放入面包机的面包桶内，搅拌 1 分钟。

2. 先加入一半的牛奶，待面粉吸收完，再加另一半，搅拌均匀。

3. 进行完一个"和面"程序，面团基本形成；再次进行完一个"和面"程序，轻轻拉开面团，发现面团可以勉强撑出膜来；加入放在室温软化、切成小块的无盐黄油，第三次开启"和面"程序，面团表面就已经很光滑。

4. 将面团整型，重新放入面包桶内，进行基础发酵，将面团发至两倍大。

5. 将面团按扁排气后，分割成两份，饧发 15 分钟。

6. 将饧发好的面团擀成长条形，再卷起，封好口。

7. 取出搅拌刀，将面团放入面包桶内，进行第二次发酵。

8. 二次发酵至吐司模七八分满，表面刷鸡蛋液。

9. 烤箱预热 180℃，上下火，置于烤箱中下层，烤制 30 分钟即可。

10. 将面包片取出，平放，挤上沙拉酱，再将火腿片摆在上面，再挤上沙拉酱。

11. 再放一片吐司面包，挤上沙拉酱，将煎好的平整的鸡蛋摆在上面，挤上沙拉酱，再盖上吐司片。

12. 把叠好的三明治对角切，等分为两个三角形即可。

家庭烘焙要领

　　面团第二次发酵非常关键。比较专业的发酵会将面团放发酵箱中，家中可以用烤箱代替发酵箱。先将烤箱温度调至 100℃，时间为 10 分钟，里面放上一杯热水，等烤箱关火后再将面团放入，注意热水不要取出，直至面团发至两倍大时取出烘烤。

地中海面包

原料

高筋面粉 400 克，低筋面粉 100 克，酵母 6 克，盐 5 克，水 300 毫升，糖粉适量

制作方法

1. 将高筋面粉、低筋面粉、酵母、盐、水放入搅拌机内慢速拌匀，转中速搅拌至完成（约 4 分钟，面团温度 28℃）。

2. 第一次发酵到原来的 2 倍大，用手轻轻将面团挤压，排除气泡。

3. 取出面团分成所需要的份数，揉成圆形，进行 15 分钟的中间发酵。

4. 发酵好的面团压平，用擀面杖擀成比较扁的椭圆形，由上至下将两边稍微往里收，卷好后，收口，搓成圆形面团。

5. 整型好的面团放入烤盘，进行最后发酵至两倍左右，约 35 分钟。

6. 用利刀在面团表面划出网格状口子，喷水。

7. 生坯表面筛上面粉，烤箱预热，置中层以上下火 190℃烘烤 20 分钟。

8. 期间隔 5 分钟往烤箱内壁喷一次水。

9. 面包上色即可出烤箱，表面撒上糖粉，取出放凉。

家庭烘焙要领

一般习惯是先把干酵母溶于湿性材料中，比如水、牛奶等，等到酵母全部融化后再加入其他材料中（步骤 1 遵循此原则）。建议喜欢在家里做面包的人可以买一台面团机，这样就可以将揉面这道工序交给面包机来完成了。

丹麦果香

 **原料：**

高筋面粉 850 克，低筋面粉 275 克，细砂糖 135 克，鸡蛋 100 克，奶粉 20 克，酵母 13 克，水 600 毫升，奶油 100 克，盐、葡萄干各适量

制作方法

1. 将细砂糖、清水、鸡蛋混合搅拌拌至细砂糖溶化。

2. 加入高筋面粉、低筋面粉、奶粉、酵母慢速拌匀。

3. 快速搅拌 1 ~ 2 分钟，加入奶油、盐后转慢速拌匀。

4. 快速拌至面筋扩展且表面光滑，分割面团为每个约 60 克的小份。

5. 用手压扁成长方形，盖上保鲜膜，放托盘入冰箱冷藏最少 30 分钟。

6. 将冷却好的面团用擀面杖擀开，放上片状奶油，用擀面杖擀开。

7. 将擀开的面皮折 3 折，轻轻擀平整，如此反复操作 3 次。

8. 用保鲜膜包好，入冰箱冷藏 30 分钟左右备用。

9. 取出面皮擀开成长方形，厚度为 0.5 厘米，刷上鸡蛋液，撒上肉松，由上而下卷条状。

10. 用刀切成均匀的等份，排入盘中，饧发约 75 分钟，温度为 35℃，湿度为 70%。

11. 发好后体积约为原来的 3 倍，扫上鸡蛋液。

12. 撒上葡萄干，入烤箱以上火 200℃、下火 160℃的温度烘烤 17 分钟左右。

13. 出烤箱冷却即可。

家庭烘焙要领

一般随烤箱会附带烤盘和烤网。烤盘用来盛放需要烘烤的食物，如肉类、饼干类和面包等。烤网可以用来放置带有模具的食品，如蛋糕、各种派等。烤网还有一个重要的作用，就是将烤好的食物放置在上面晾凉。

QQ 小馒头

原料

高筋面粉 250 克，细砂糖 15 克，盐 4 克，酵母 5 克，牛奶 120 毫升，无盐黄油 30 克，鸡蛋 40 克

制作方法

1. 牛奶放入锅中小煮，加热至温热关火，放入酵母搅拌均匀，化成酵母水；鸡蛋打散备用。

2. 高筋面粉、细砂糖、盐混合，加入 30 克鸡蛋液、酵母水混合拌匀，和成面团。

3. 面团中加入软化的黄油，继续揉面，直至揉成一个能拉出透明薄膜状的光滑面团。

4. 将揉好的面团放进一个大容器中，用保鲜膜封住容器口，开始进行基础发酵。

5. 待面团膨胀到原来的两倍大，将发酵好的面团分成每份约 20 克的小面团，滚圆后盖上保鲜膜饧发 15 分钟。

6. 将饧发好的小面团擀成圆形的面片，从面片上端向内卷起，成小椭圆形，收口向下排在烤盘中。

7. 烤盘上盖保鲜膜，进行第二次发酵。

8. 在发酵好的面包胚上刷上余下的鸡蛋液。

9. 烤箱预热后，将烤盘移入烤箱，以 170℃ 火力烘烤 15 分钟。

家庭烘焙要领

面团分割成小份时，应尽量保持均匀一致，称量每块小份面团的重量是个好办法。一般来说中等大小的面包，小份面团重量为 60 克左右，大一点的 80 克左右，此款面包比较特殊，约 20 克即可。烘烤时，根据面团重量的不同，在烘烤时间上略作调整。

丹麦牛角包

原料：

高筋面粉 200 克，低筋面粉 50 克，牛奶 150 毫升，酵母 6 克，盐 5 克，细砂糖 30 克，鸡蛋 50 克，黄油 125 克

制作方法

1. 牛奶煮沸，冷却至温热，加入酵母搅拌至成酵母水；鸡蛋在碗中打散。
2. 将高筋面粉、低筋面粉、盐、细砂糖、软化黄油（25 克）混合，加入鸡蛋液（留出 10 克鸡蛋液刷表面用）和酵母水，搅拌均匀，揉成一个面团，稍有筋度即可。
3. 将和好的面团用保鲜膜包好，进行基本发酵。
4. 将 100 克黄油放入保鲜袋中，用擀面杖擀成长方形，放入冰箱冷藏室。
5. 将发酵好的面团擀成长方形的面片，长度是黄油片的三倍，宽度略宽。
6. 将黄油片放在面片中央，将两边的面片向中央折起包住黄油片，然后将上下两端捏紧。
7. 将步骤 6 中折好的面片再次擀成长方形，再像步骤 6 一样将面片折起。
8. 将折好的面片放回冰箱冷藏室饧发 20 分钟。
9. 取出面片，重复步骤 6～8。
10. 再次重复步骤 7～9，完成最后一次三折。
11. 将折好的面片擀成厚 0.4 厘米、宽 10 厘米、长 20 厘米的面片，然后用刀切成底边为 8 厘米的等边三角形。
12. 用刀在三角形面片底边中央的位置切一刀，将两边向上翻起，慢慢向上卷起，快卷至顶部的时候在面片小尖的地方刷上鸡蛋液，然后全部卷起，卷成牛角状的面包胚。
13. 将卷好的面包胚码入烤盘中，面包胚与面包胚之间要留出一定的间隔，盖上保鲜膜，进行最后发酵。
14. 发酵好的面包胚表面刷上鸡蛋液，放入预热后的烤箱，以 200℃火力烘焙 12 分钟。

制作这款面包时，应注意把握好时间，尽量不要拖得太长，因为如果面团发酵时间太长，就容易发酵过度，烘烤出来的面包口味就大打折扣了。

家庭烘焙要领

椰丝奶油包

原料

面　团： 高筋面粉 450 克，牛奶 50 毫升，鸡蛋 50 克，牛油 42 克，温水 80 毫升，面包改良剂 4 克，糖 112 克，酵母 7 克

奶油酱： 牛油 224 克，糖霜 70 克

饰　面： 全蛋液、椰蓉各适量

制作方法

1. 将所有面团材料放搅拌机里搅拌，直到搅出薄膜。

2. 把揉好的面团放入盖了盖的容器里发酵，直到面团体积发酵到两倍。

3. 把发好的面团取出，拍拍放气，平均分成 16 份。

4. 整型，再次发酵到两倍大。

5. 面包刷上全蛋液，放入垫有长烤纸的烤盘，入烤箱烤，以上下火 180℃烤 8 ～ 12 分钟。

6. 把牛油、糖霜放搅拌机里，高速打发，直到颜色变成奶白色，制成奶油酱。

7. 面包取出后，等完全放凉，用切面包的刀小心地在中间切一大口。

8. 把奶油酱放入裱花袋里，将奶油酱挤入面包的大口子里。

9. 在面包表面刷点奶油酱，撒上椰蓉即可。

> 原料中提到的"糖霜"是指比一般细砂糖更细的糖，一般超市里有售，换成葡萄糖也可以。打发后的奶油即可使用，多余的奶油要放在冷藏柜中加盖储存。奶油容易氧化，最好先用纸将其仔细包好，然后放入密封盒中，冷藏在 2℃～ 4℃冰箱中。

家庭烘焙要领

丹麦奶酥

原料：

高筋面粉 250 克，黄油 40 克，盐 1 克，细砂糖 5 克，水 120 毫升，裹入用黄油 190 克，面粉适量

制作方法

1. 将 40 克黄油切成小丁，与过筛后的面粉混合，用手搓至无油颗粒，然后加入细砂糖和盐，分次加入水，揉成团。用保鲜膜包裹面团，室温静置饧发 20 分钟。

2. 案板上撒薄粉，用擀面杖敲打裹入用黄油，整成长方形片状。擀薄后的黄油软硬程度应该和面团硬度基本一致，经过敲打如果仍太软可放冰箱冷藏一会儿待用。

3. 案板上撒薄粉，将饧发好的面团擀成长方形。擀的时候将四个角向外擀，这样便于擀得均匀。

4. 擀好的面片，其宽度应与整型后的黄油的宽度一致，长度是黄油的三倍。把黄油放在面片中间，将两侧的面片包住黄油，上下端收紧口。

5. 将面片擀长，然后像叠被子一样叠四折，包保鲜膜后放冰箱静置 20 分钟。

6. 再重复步骤 4 两次，冷藏两次各 20 分钟后备用。

7. 取出面团，将面团擀成长方形，再切成四方形。

8. 对角对折成三角形状，捏紧收口，摆入烤盘，放入发酵箱发酵 90 分钟。

9. 最后把发酵好的半成品取出，表面刷上鸡蛋液，表面用剪刀剪开两个口。

10. 入烤箱，以上火 210℃、下火 160℃的温度烘烤 25 分钟，熟透后出烤箱。

家庭烘焙要领

面团如果超过一天不使用，也可以用保鲜袋包严暂时放入冰箱冷却保存，大约能保存 2 个月，使用前在室温下放置 20 分钟即可。

法式面包

原料

高筋面粉 400 克，低筋面粉 100 克，酵母 5 克，水 225 毫升

制作方法

1. 先将高筋面粉、低筋面粉、酵母依次加入搅拌机内慢速拌匀。

2. 把水慢慢加入搅拌机内搅拌。

3. 中速搅拌成面团（约用时 4 分钟，面团温度为 28℃）。

4. 取出后分成每个约 120 克的小面团，饧发15 分钟。

5. 把饧发好的面团用擀面棍擀开。

6. 将其由上向下卷入，捏紧收口成橄榄形。

7. 搓成长条状。

8. 把造型好的半成品摆入烤盘内，放入发酵箱内发酵 90 分钟。

9. 把发酵好的半成品取出，用刀在表面划四刀，再入烤箱以上火 200℃、下火 140℃的温度烘烤 25 分钟，熟透后出烤箱。

> **家庭烘焙要领**
>
> 　　在准备把烤盘送进烤箱之前，用喷雾器或浇花喷壶在烤箱里面喷点水，然后立刻关上门。这样能增加炉内的蒸汽，使面包烤出一层漂亮的外皮。将面包放进烤箱，在开始烘烤的一分钟之内再给烤箱壁上喷两次水。

绝对芋泥

原料：

面团：高筋面粉 250 克，黄油 40 克，盐 1 克，细砂糖 5 克，水 120 毫升，裹入用黄油 190 克

芋泥馅：芋头 100 克，糖粉 20 克，奶粉 50 克，奶油 50 克

 制作方法

1. 将 40 克黄油切成小丁，与过筛后的面粉混合，用手搓至无油颗粒，然后加入细砂糖和盐，分次加入水，揉成团。用保鲜膜包裹面团，室温静置饧发 20 分钟。

2. 案板上撒薄粉，用擀面杖敲打裹入用黄油，整成长方形片状。擀薄后的黄油软硬程度应该和面团硬度基本一致，经过敲打如果仍太软可放冰箱冷藏一会儿待用。

3. 案板上撒薄粉，将饧发好的面团擀成长方形。擀的时候将四个角向外擀，这样便于擀得均匀。

4. 擀好的面片，其宽度应与整型后的黄油的宽度一致，长度是黄油的三倍。把黄油放在面片中间，将两侧的面片包住黄油，上下端收紧口。

5. 将面片擀长，然后像叠被子一样叠四折，包保鲜膜后放冰箱静置 20 分钟。

6. 再重复两次步骤 4，冷藏两次各 20 分钟后备用。

7. 制作芋泥馅：芋头洗净、烤熟、去皮，压成碎泥状，加入糖粉、奶油、奶粉一起搅拌均匀。

8. 取出面团，切割成每份约 60 克的小面团。

9. 包入芋泥馅，捏紧收口。

10. 将包了馅的面包胚卷成橄榄形。

11. 将卷好的面包胚码入烤盘中，盖上保鲜膜，进行最后发酵。

12. 发酵好的面包胚表面刷上鸡蛋液。

13. 烤箱预热后，将烤盘移入烤箱，以 200℃火力烘焙 20 分钟。

> 小的面团搓圆姿势：将手指蜷曲成猫爪般的姿势，把面团紧紧按在揉面台上同时逆时针滚动。重复这个动作 3～4 次，注意面团搓圆时会有粘手的现象。

家庭烘焙要领

芝麻法包

原料

高筋面粉 400 克，低筋面粉 100 克，酵母 6 克，盐 5 克，水 325 毫升，黑芝麻、白芝麻各适量

制作方法

1. 将高筋面粉、低筋面粉、酵母、盐、水放入搅拌机内慢速拌匀。

2. 转中速搅拌至完成（约 4 分钟，面团温度 28℃）。

3. 盖上薄膜，常温下发酵 30 分钟。

4. 发酵后将面团分割成每份约 120 克的小份。

5. 轻轻卷成棍形，盖上薄膜饧发 30 分钟。

6. 饧好后用手掌拍扁排气。

7. 将面团由上而下卷成圆形。

8. 表面粘上黑芝麻和白芝麻。

9. 排入烤盘，放进发酵箱最后饧发，温度 35℃，湿度 80%。

10. 饧发至原体积的 2.5 倍左右即可。

11. 表面轻轻划一刀，入烤箱以上火 200℃、下火 180℃的温度烘烤约 20 分钟。

家庭烘焙要领

烘烤前喷水可以使面包表皮变脆。

法棍面包作为主食，可以再切片加入大蒜、罗勒等进行调味，然后涂抹黄油再烘烤至酥脆；也可以蘸食西餐汤汁。

叉烧包

原料：

种面：高筋面粉500克，糖100克，酵母5克，盐5克，鸡蛋45克，水275毫升，酥油50克

主面：低筋面粉200克，高筋面粉50克，糖50克，黄油50克，水75毫升，鸡蛋20克，片状起酥油200克

其他：叉烧馅适量

制作方法

1. 先将高筋面粉、糖、酵母、盐依次加入搅拌机慢速搅拌均匀。

2. 加入鸡蛋、水慢速拌匀转中速打至面筋展开。

3. 加入酥油慢速拌匀后转中速。

4. 完成后的面团表面光滑可拉出薄膜状。

5. 再慢速拌1分钟，令面筋稍作舒缓。

6. 面团搅拌完成后温度在26℃～28℃，饧发15分钟。

7. 制作酥皮：将主面除片状起酥油外的全部材料混匀，用电动搅拌机搅拌成光滑的面糊，饧发备用；将面糊包住片状起酥油，用棒子压平，折成三层，再压平，再折成三成，再压平，再折成四层，放置一旁饧发；饧好后再压平至3毫米厚，卷成圆条状，放入冰箱冷却至硬。

8. 将发酵好的面团分割成每份约65克的小面团，盖保鲜膜饧发20分钟左右。

9. 将饧发好的小面团包入叉烧馅，搓成圆形。

10. 取出硬酥皮团，用刀切成2毫米的片状，用模具整成圆片形，轻轻盖在面包表面上。

11. 入二次发酵箱，用温度36℃，湿度75%，进行二次发酵，约90分钟。

12. 入烤箱烘烤，以上火180℃、下火200℃烘焙15分钟。

> 叉烧馅的制作：猪前肩梅花肉200克，酱油、细砂糖、食用油、水淀粉（或者红糟汁）各适量。首先将梅花肉切成小丁，浸入酱汁一晚。第二天，锅中加少许食用油，将肉丁炒至断生，煸出一些油脂。起锅前，淋上水淀粉即可。

家庭烘焙要领

东京薯泥

原料：

面团： 高筋面粉 500 克，糖 100 克，酵母 5 克，盐 5 克，鸡蛋 40 克，水 275 毫升，酥油 50 克

馅料： 马铃薯 150 克，火腿粒、葱花、盐各适量

其他： 椰蓉适量

制作方法

1. 先将高筋面粉、糖、酵母、盐依次加入搅拌机慢速搅拌均匀。

2. 加入鸡蛋、水慢速拌匀转中速打至面筋展开。

3. 加入酥油慢速拌匀后转中速。

4. 完成后的面团表面光滑可拉出薄膜状。

5. 再慢速拌 1 分钟，令面筋稍作舒缓。

6. 面团搅拌完成后温度在 26℃ ~ 28℃，饧发 15 分钟。

7. 制作薯泥馅：将马铃薯煮熟碾成泥状，加入火腿粒和葱花、盐拌匀。

8. 将发酵好的面团分割成每份约 65 克的小面团，盖保鲜膜饧发 20 分钟左右。

9. 将小面团用擀面杖擀成 3 厘米厚的面片。

10. 把擀好的面片放到挞模里，让面片和挞模贴合，去掉挞模边多余的面片。

11. 在面片底部用叉子叉一些小孔，防止面片在烘焙时鼓起。

12. 把面片静置饧发至少 30 分钟，然后放入烤箱，以上火 160℃、下火 180℃烤 15 ~ 20 分钟，直到面包挞表面焦黄。

13. 取出面包挞，放凉，挤上薯泥馅，在面包挞表面的边上撒上椰蓉即可。

> **家庭烘焙要领**
>
> 入烤箱前，记得在面包挞底部扎一些小孔，这样烘烤时内部产生的热气才能释放，否则面包塔会鼓起甚至被撑破。

香菇六婆

原料:

高筋面粉 250 克, 黄油 40 克, 盐 1 克, 细砂糖 5 克, 水 120 毫升, 裹入用黄油 190 克, 奶油奶酪 30 克, 面粉、香菇碎、黑芝麻、柠檬汁各适量

制作方法

1. 将 40 克黄油切成小丁, 与过筛后的面粉混合, 用手搓至无油颗粒, 然后加入细砂糖和盐, 分次加入水, 揉成团, 用保鲜膜包裹面团, 室温静置饧发 20 分钟。

2. 案板上撒薄粉, 用擀面杖敲打裹入用黄油, 整成长方形片状。

3. 案板上撒薄粉, 将饧发好的面团擀成长方形。

4. 擀好的面片, 其宽度应与整型后的黄油的宽度一致, 长度是黄油的三倍。把黄油放在面片中间, 将两侧的面片包住黄油, 上下端收紧口。

5. 将面片擀长, 然后像叠被子一样叠四折, 包保鲜膜后放冰箱静置 20 分钟。

6. 再重复两次步骤 4, 冷藏两次各 20 分钟后备用。

7. 制作香菇奶酪馅: 香菇煮熟后去除水分, 和软化的奶酪和匀后加入适量的盐再加几滴柠檬汁去腥。

8. 取出面团, 擀成 2 厘米厚的面片, 再切成四份均匀的方形的面片。

9. 取其中一张方形面片垫底, 放入香菇奶酪馅, 然后把余下的三张面片平铺在馅面上, 稍收口, 入烤盘发酵 60 分钟。

10. 把发酵好的半成品取出, 表面刷上鸡蛋液, 撒上黑芝麻。

11. 入烤箱, 以上火 200℃、下火 160℃的温度烘烤 20 分钟, 熟透后出烤箱。

> **家庭烘焙要领**
>
> 烘焙的温度对这款面包十分重要。温度过低, 会影响面包分层起酥; 过高, 面团太快定型, 也会影响面包的起酥与体积。200℃是最佳温度, 但如果你发现在这个温度下面包表面容易烤焦, 可以在面团充分膨起后, 再把温度调低。

短法包

原料

高筋面粉 200 克，低筋面粉 50 克，水 160 毫升，细砂糖 5 克，无盐黄油 5 克，盐 5 克

制作方法

1. 将除无盐黄油外的所有材料倒入面包机桶进行和面。

2. 20 分钟后，将黄油放入，继续执行完揉面。

3. 第一次发酵到原来的 2 倍大，用手轻轻将面团挤压排出气泡。

4. 取出面团分成所需要的份数，揉成圆形，进行 15 分钟的中间发酵。

5. 发酵好的面团压平，用擀面杖擀成比较扁的椭圆形，由上至下将两边稍微往里收，卷好后，收口，搓成长柱形面团。

6. 整型好的面团放入烤盘，最后发酵至 2 倍左右，用时约 35 分钟。

7. 用利刀在面团表面划出几道斜口子，喷水。

8. 生坯表面筛上面粉，烤箱预热，置中层以上下火 190℃烘烤 20 分钟。

9. 期间隔 5 分钟往烤箱内壁喷一次水。

10. 面包上色即可出烤箱，取出放凉。

家庭烘焙要领

法式面包的烘烤要注意带蒸汽烤，开始烘烤的时候要往烤箱里喷几次水，这样烘烤，面包表面才不会太硬太干。标准的法棍长度约为 76 厘米，重量为 250 克，还规定斜切必须要有 7 道裂口才行，但是普通家庭烤箱较小，所以这款只能称为迷你型。

海苔卷

原料:

高筋面粉160克，低筋面粉60克，细砂糖30克，盐3克，干酵母4克，水100毫升，鸡蛋25克，奶粉7克，黄油22克，沙拉酱、海苔、肉松各适量

制作方法

1. 根据一般面包制作方法，把高筋面粉、低筋面粉、细砂糖、盐、干酵母、水、鸡蛋、奶粉、黄油搅拌均匀揉成面团，揉至能拉出薄膜的扩展阶段，在28℃左右基本发酵1小时后(发酵到2.5倍大)，将发酵好的面团用手压出气体，揉圆，进行15分钟中间发酵。

2. 将中间发酵好的面团，用擀面杖擀成方形的薄片，大小与烤盘一致。

3. 将擀好的面片放入铺了油纸的烤盘里，用刀切掉多余部分，使它和烤盘完全贴合。

4. 面片铺好以后，进行最后一次发酵，温度38℃，湿度85%，发酵40～60分钟，直到面片厚度变成原来的两倍。

5. 发酵好以后，取出烤盘，将烤箱预热到180℃，在发酵好的面团上刷上鸡蛋液，放进预热好的烤箱，烤12分钟左右，烤到面包表面金黄色。

6. 将烤好的面包倒扣在另一张干净的事先铺好海苔的油纸上。移去烤盘，并撕去底部的油纸(即步骤3中的油纸)。等待面包冷却。

7. 将面包的四边切去，使面包成为规则的方形(如果面包本身就很整齐的话，不切也可以)。

8. 在准备开始卷起来的一边划几条口子，但不要划断。

9. 将面包紧紧地卷起来，卷好的面包用油纸包裹起来，静置半个小时，使面包卷定型。

10. 面包卷定型后，撤去油纸，将面包卷切成三段，每一段的两端都抹上沙拉酱，粘上肉松即可。

做好的海苔面包卷，不要放进冰箱冷藏，否则面包口感会变硬。另外，沙拉酱容易变质，最好在一天之内食用完毕。

家庭烘焙要领

毛毛虫面包

原料：

面　团：高筋面粉 250 克，细砂糖 50 克，酵母 3 克，盐 2 克，奶粉 10 克，鸡蛋液 20 克，清水 145 毫升，黄油 20 克

泡芙面糊：色拉油 38 毫升，黄油 38 克，水 75 毫升，高筋面粉 38 克，鸡蛋液 55 克

制作方法

1. 面团制作：面团材料除黄油之外，将高筋面粉、细砂糖、酵母、盐、奶粉、鸡蛋液、水放入面包机混合搅匀至稍具延展性，加黄油搅拌至可拉出透明薄膜，发酵至 2.5 倍大。

2. 排气，分割成 6 等份，室温静置 15 分钟。

3. 制作泡芙面糊：将色拉油、黄油、水一起放入一小锅内，加热到沸腾，加入高筋面粉搅拌均匀，放凉后分次加入鸡蛋液搅拌成糊状装入裱花袋。

4. 取其中一个小面团，擀成长方形，把底边压扁，卷成筒状，捏紧收口处，滚匀放烤盘，依次做好六个。

5. 再次发酵至 2 倍大，刷鸡蛋液，挤上泡芙面糊。

6. 烤箱预热，放入面包坯，中层，以上下火 180℃烘烤 15 分钟即可。

使用家庭电烤箱要注意的事情：家用小烤箱不及专业级的大烤箱温度均匀，温度很难掌控，在这种情况下，要在指定时间的后半段，站在烤箱前仔细确认面包的烘烤程度。如果上色还不明显的话，请适当调高温度；如果表面颜色过于鲜艳的话，请适当降低温度。

家庭烘焙要领

豆沙卷

原料

种　面： 高筋面粉 140 克，牛奶 80 毫升，酵母 2.5 克，细砂糖 25 克，盐 0.5 克，黄油 15 克，鸡蛋液 15 克

红豆馅： 红豆 30 克，水 90 毫升，红糖 20 克

其　他： 白芝麻适量

制作方法

1. 将高筋面粉、牛奶、酵母、细砂糖、盐、黄油、鸡蛋液放入面包机中，选择"发面团"程序，将面团发酵。

2. 揉面团，排压出面团中的部分气体后，将面团均分为 6 份。

3. 将每份揉成小圆面团后，静置面板上，中间发酵 15 分钟。

4. 红豆馅制作：将事先已经浸泡了一天一夜的红豆连同水，放入电压力锅中压熟，用勺碾碎，并放入适量红糖，搅拌均匀，待凉透后，握成 6 个小丸。

5. 将小面团按扁，包入豆沙丸，将收口捏紧。

6. 收口朝下，放在面板上，擀成长圆形的面皮。

7. 在面皮上竖切 4 刀，首尾不能切断。

8. 捏住两头，将面皮两端向不同的方向扭。

9. 将扭好的面条做成不同的花式。

10. 将整型好的面包摆入烤盘，进行二次发酵。

11. 在面包的表面刷鸡蛋液，撒上白芝麻。

12. 放烤箱中层，160℃烘焙 20 分钟。

> **家庭烘焙要领**
>
> 豆沙馅制作的注意事项：为避免红豆变质，浸泡红豆时应放入冰箱。红豆放入电压力锅时，之前的水量基本已够。以红豆刚没入水为准，可加少量水。不可多加水，否则不能成丸。加入红糖的量依个人口味而定，做馅应稍微甜一些。

香葱芝士面包

原料

高筋面粉 140 克，水 80 毫升，细砂糖 20 克，黄油 15 克，鸡蛋液 10 克，盐 3 克，干酵母 5 克，奶粉 6 克，马苏里拉芝士 60 克，干葱末 2 克，沙拉酱适量

制作方法

1. 将高筋面粉、水、细砂糖、黄油、鸡蛋液、盐、干酵母、奶粉搅拌均匀，揉成面团，揉至拉出薄膜的扩展阶段，在室温下发酵到 2.5 倍大（28℃的温度下需要 1 个小时左右），把发酵好的面团排出空气，分成 6 等份揉圆，进行 15 分钟中间发酵。

2. 取一个中间发酵好的面团，放在案板上，用手慢慢搓成长条。

3. 把搓成长条的面团放在烤盘上，使它稍微变扁。

4. 按此方法做好所有 6 根面包条后，把整型好的面团进行最后发酵，温度 38℃，湿度 85% 的环境下，发酵 40 分钟左右，直到面团变成原来的两倍大。

5. 在面团上挤上线条状的沙拉酱。

6. 撒上刨成丝的马苏里拉芝士和干葱末，放入预热好 180℃的烤箱，烤约 15 分钟，等面包表面的芝士丝熔化并呈现金黄色即可。

> ### 家庭烘焙要领
> 配料里使用的马苏里拉芝士，是制作比萨时使用的芝士，可用其他品种的芝士代替，不过其他品种可能没有马苏里拉芝士容易熔化。马苏里拉芝士在烤后仍会保持烤之前的芝士丝形状。

香葱肉松卷

原料：

高筋面粉160克，低筋面粉60克，细砂糖30克，盐3克，干酵母4克，水100毫升，鸡蛋25克，奶粉7克，黄油22克，沙拉酱、火腿粒、葱花、白芝麻、肉松各适量

制作方法

1. 根据一般面包制作方法，把高筋面粉、低筋面粉、细砂糖、盐、干酵母、水、鸡蛋、奶粉、黄油搅拌均匀揉成面团，揉至能拉出薄膜的扩展阶段，在28℃左右基本发酵1小时（发酵到2.5倍大），将发酵好的面团用手压出气体，揉圆，进行15分钟中间发酵。

2. 将中间发酵好的面团，用擀面杖擀成方形的薄片，大小与烤盘一致。

3. 将擀好的面片放入铺了油纸的烤盘里，用刀切掉多余部分，使它和烤盘完全贴合。

4. 面片铺好以后，进行最后一次发酵，温度38℃，湿度85%，发酵40～60分钟，直到面片厚度变成原来的两倍。

5. 发酵好以后，从烤箱取出烤盘，将烤箱预热到180℃，在发酵好的面团上刷上鸡蛋液，撒上火腿粒、白芝麻、葱花，放进预热好的烤箱，烤12分钟左右，烤到面包表面金黄色。

6. 将烤好的面包倒扣在另一张干净的油纸上，移去烤盘，并撕去底部的油纸，等待面包冷却。

7. 将面包的四边切去，使面包成为规则的方形（如果面包本身就很整齐的话，不切也可以）。

8. 在准备开始卷起来的一边划几条口子，但不要划断。

9. 将面包紧紧地卷起来，卷好的面包用油纸包裹起来，静置30分钟，使面包卷定型。

10. 面包卷定型后，撤去油纸，将面包卷切成三段，每一段的两端都抹上沙拉酱，粘上肉松即可。

家庭烘焙要领

出烤箱后趁还是温热的时候就抹沙拉酱开始卷，卷好后最后用保鲜膜连烘焙油纸一起包住定型0.5小时左右再打开切件，这样面包卷就不会断裂，并且能紧紧的保持着卷的状态。

第五章

挞派比萨

挞派比萨小课堂

派

派又称排，是由派馅及派皮两部分烤制而成的一种点心，在各种西点中具有独特的风味。在家庭操作中，要想制作一个美味的派，需要有调制适宜的派馅以及酥软松脆的派皮，如果两者中如因任何一种调制不当，就会降低派的品质，失去其独特的风味。派因所使用的派馅及制作程序不同，一般可分为双皮派、单皮派和油炸派三大类。

做好的派最好及时食用，放置较长时间后，派皮会吸收馅料的水分而变软，口感就不够好了。不过，此时把派放进烤箱重新加热几分钟，可以让派皮恢复酥松的口感。

蛋 挞

挞是英文"tart"的音译，是一种馅料外露的馅饼，挞的品种较多，其中流行最为风靡的是蛋挞。蛋挞以鸡蛋浆为馅料，是把面团制成小饼皮，然后放进小圆盆状的蛋挞模中，倒入由细砂糖及鸡蛋等原料混合而成的蛋浆，再放入烤箱烘烤而成。烤好的蛋挞外层为松脆之挞皮，内层则为香甜的黄色凝固蛋浆。

蛋挞流行全球将近百年的历史，但早在中世纪，英国人利用奶品、糖、鸡蛋及不同的香料制作类似蛋挞的食品，并随着英国的对外扩张，向全世界传播，甚至是中国17世纪的满汉全席中第六宴席中的一道菜式。

现在蛋挞早已被我国大多数人接受，并在厨艺大师的不断改进下，迎合了国人的口味，形成了各具特色的品种，比如港式蛋挞、澳门的葡挞等。

蛋挞深受香港人喜爱，但是引入香港历史却较短。据香港历史学者考证，19世纪20年代的广州，各大百货公司竞争非常激烈，为了吸引顾客，百货公司的厨师每个星期都会设计一款"星期美点"来招徕顾客，而蛋挞正是这时候出现在广州，后被引入香港、澳门等地。

香港引入蛋挞的时代，没有准确年份，有人说自19世纪40年代起，香港饼店已出现蛋挞，50年代至80年代在多数茶餐厅流行。刚开始，茶餐厅的蛋挞比较大，味道香甜醇厚，松软可口，从90年代起，兼营包饼的茶餐厅逐渐减少，所以，现在只有在旧式茶餐厅有自家烤制的蛋挞，大部分茶餐厅则从面包工场订购蛋挞。

比 萨

比萨是一种发源于意大利的食品，在全球颇受欢迎，通常是在特殊的圆面饼上面覆盖番茄酱、奶酪和其他配料，再入烤箱烤制而成。

比萨极具意大利风味，但己经超越语言与文化的壁障，受到世界各国消费者的喜爱。但是，比萨美食究竟源于何时何地，现在却无从考究。

有人认为，比萨源于中国，传说意大利著名旅行家马可·波罗在中国旅行时，非常喜欢吃北方的一种葱油馅饼。回国后他一直想再次品尝，但因不会制作而无可奈何。一日，他邀请朋友们在家中聚会，其中有一位是来自那不勒斯的厨师，马可·波罗灵机一动，对厨师朋友"如此这般"地描绘起中国北方的香葱馅饼及其制作。厨师朋友也兴致勃勃地按他所描绘的方法制作起来，但是无论怎么做，仍无法将馅料放入面团中。此时已早过午餐时间，大家早已饥肠辘辘。于是，马可·波罗提议就将馅料放在面饼上吃。不料，味道还不错，赢得大家赞赏。

后来，这位厨师回到家中，反复钻研，重复做了几次，无意中，配上了那不勒斯的特制乳酪和作料，口味非常适宜，大受食客们的欢迎，从此"比萨"就流传开来。

现在，比萨已经通行全球，很多有烤箱的家庭都能做出美味的比萨，但要想制作出上好的比萨，必须具备四个要素：新鲜饼皮、上等奶酪、顶级比萨酱和新鲜馅料。

饼底一定要现做，面粉一般选用指定品牌，选用春冬两季的甲级小麦研磨而成，这样做成的饼底才会外层香脆、内层松软。

纯正乳酪是比萨的灵魂，正宗的比萨一般都选用富含鸡蛋白质、维生素、矿物质和钙质及低卡路里的进口芝士。

比萨酱须由鲜美番茄混合纯天然香料秘制而成，具有风味浓郁的特点，所有馅料必须新鲜，最好使用上等品种，以保证品质。

成品比萨必须软硬适中，即使将其如"皮夹似的"折叠起来，外层也不会破裂，这便成为现在鉴定比萨手工优劣的重要依据之一。

苹果派

原料：

派皮：低筋面粉 350 克，糖粉 20 克，鸡蛋 250 克，黄油 240 克，水 90 毫升

馅料：苹果 400 克，玉米粉 8 克，水 80 毫升，细砂糖 15 克，肉桂粉 5 克，柠檬汁 10 毫升，
豆蔻粉 5 克，黄油 10 克

其他：鸡蛋黄 50 克

制作方法

1. 派皮的制作：黄油切成小块，放在室温下软化，然后和过筛糖粉拌匀。

2. 再分次加入打散的鸡蛋和水，每次加入搅拌均匀后再加下一次。

3. 将低筋面粉过筛加入其中，不断揉搓，使完全混合成顺滑面团。

4. 将面团用保鲜纸包好，放入冰箱冷藏 15 分钟。

5. 取出面团，分成两份，分别用擀面杖擀成面皮。

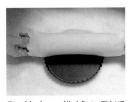

6. 其中一份铺入到派模中。

7. 在派皮上刺上气孔，以备用。

8. 馅料的制作：将黄油和水混合，加热溶解。

9. 加入过筛的细砂糖和玉米粉，再加入切好的苹果丁，然后继续加热。

10. 煮成稠状后，加入过筛的肉桂粉和豆蔻粉以及柠檬汁，拌匀后离火。

11. 将馅倒入已备好的派模中，八分满即可。

12. 将另外一份派皮铺在倒入馅料的派上。

13. 将其表面修整齐后，扫上打散的鸡蛋黄。

14. 用细竹签划出花纹，放入烤箱，以上火 170℃、下火 150℃烘烤 35 分钟即可。

软软甜甜的苹果丁加上脆脆的皮，实在是一道令人快乐一天的甜点。但是，苹果切丁的时候不要切得过大，要切得均匀，以免影响口感。

家庭烘焙要领

黄桃派

原料:

黄油 140 克，糖粉 80 克，鸡蛋 100 克，低筋面粉 260 克，奶油蛋糕预拌粉 100 克，水 20 毫升，食用油 30 毫升，罐头黄桃、樱桃各适量

制作方法

1. 将糖粉和面粉分别过筛。

2. 将糖粉和黄油混合，用打蛋器打到糖粉溶化。

3. 将鸡蛋液 50 克分三次加入，每次加入时，要等鸡蛋液和黄油成分融合后再加入下一次。

4. 加入过筛的面粉，搅打至黄油和面粉成颗粒状，揉成面团，不粘手指即可。

5. 用油纸包住面团，擀成圆形派皮，放入派盘，捏制均匀，切去多余边缘。

6. 在派皮底部用叉子或牙签轻轻扎几个洞。

7. 将奶油蛋糕预拌粉、鸡蛋 50 克、食用油、水拌匀。

8. 将混合好的馅料倒入剪口的裱花袋，将馅料挤入派坯。

9. 将黄桃切片摆放在上面，烤箱预热后放入烤箱中层，以 160℃烘烤 30 分钟，取出，用樱桃装饰即可。

> **家庭烘焙要领**
>
> 黄桃营养丰富，富含胡萝卜素、番茄黄素、维生素 C 等抗氧化剂以及膳食纤维、铁、钙等微量元素，但黄桃不易储存，挑选罐装的黄桃时要注意是否含有防腐剂等添加剂；新鲜黄桃以果个大、形状端正、色泽新鲜，剥皮以皮薄易剥、粗纤维少、肉质柔软为佳。

巧克力香蕉派

原料：

黄油 140 克，糖粉 80 克，鸡蛋 50 克，低筋面粉 260 克，黑巧克力 100 克，淡奶油 50 克，香蕉适量

制作方法：

1. 将糖粉和面粉分别过筛。

2. 将糖粉和黄油混合，用打蛋器打到糖粉溶化。

3. 将鸡蛋液分三次加入，每次加入时，要等鸡蛋液和黄油成分融合后再加入下一次。

4. 加入过筛的面粉，搅打至黄油和面粉成颗粒状，揉成面团，不粘手指即可。

5. 用油纸包住面团，擀成圆形派皮，放入派盘，捏制均匀，用刮板刮去多余边缘。

6. 用叉子或者牙签在底部轻扎几个洞，放入预热好的烤箱放入中层，以180℃烤至金黄色。

7. 取出派皮，将巧克力熔化后加入淡奶油中搅拌均匀，涂在派皮底部。

8. 香蕉去皮，切块，铺在巧克力上面，再将剩下的巧克力液淋上去。

9. 放入冰箱冷藏30分钟，略硬即可，在表面撒上防潮糖粉装饰即可。

> **家庭烘焙要领**
>
> 派皮放入派盘后要捏制均匀，使派皮和派盘贴在一起。叉洞是为了避免派皮在烘烤时胀气，但不宜太密，用力轻微均匀，以免叉烂派皮。香蕉要熟透新鲜，切片不宜过厚，最好在1厘米左右。

柠檬派

原料：

派　皮：低筋面粉 175 克，糖粉 10 克，鸡蛋 120 克，黄油 120 克，水 45 毫升

柠檬馅：细砂糖 120 克，玉米粉 50 克，水 300 毫升，黄油 15 克，鸡蛋黄 50 克，奶香粉 1 克，柠檬皮、柠檬汁各适量

制作方法

1. 饼皮的制作：黄油切成小块，放在室温下软化，然后和过筛的糖粉一起拌匀。

2. 再分次加入打散的鸡蛋和水，每次加入搅拌均匀后再加下一次。

3. 将低筋面粉过筛加入其中，不断揉搓，使之完全混合成顺滑面团。

4. 将面团用保鲜纸包好，放入冰箱冷藏 15 分钟。

5. 取出面团，用擀面杖擀成面皮，然后铺入到派模中。

6. 在派皮上刺上气孔。

7. 柠檬馅的制作：把过筛后的细砂糖和玉米粉混合，加入水搅拌均匀。

8. 慢火加热，煮至透明状后，加入黄油和鸡蛋黄拌匀。

9. 待搅拌均匀后关火，加入奶香粉、柠檬皮、柠檬汁拌匀。

10. 倒入已备好的派模中，约到九分满即可。

11. 鸡蛋白与过筛后的细砂糖混合，先慢后快打，直至成为乳白色鸡蛋白霜。

12. 将鸡蛋白霜均匀覆盖在派面上。

13. 放入烤箱，以 160℃的烘焙温度烘烤约 35 分钟即可。

> **家庭烘焙要领**
>
> 打发鸡蛋白时，可先把鸡蛋白打至稍稍起泡，再一边打一边加入细砂糖。细砂糖最好分开三次加入，这样打出的鸡蛋白霜才均匀细致。

日式杏仁挞

原料

黄油 140 克，糖粉 80 克，鸡蛋 100 克，低筋面粉 260 克，奶油蛋糕预拌粉 100 克，食用油 30 毫升，杏仁片、果胶各适量

制作方法

1. 将糖粉和面粉分别过筛。

2. 将糖粉和黄油混合，用打蛋器打到糖粉溶化。

3. 将鸡蛋液 50 克分三次加入，每次加入时，要等鸡蛋液和黄油成分融合后再加入下一次。

4. 加入过筛的面粉，搅打至黄油和面粉成颗粒状，揉成面团，不粘手指即可。

5. 将挞皮面团分为每个 25 克的小面团，入模具压平。

6. 将奶油蛋糕预拌粉、鸡蛋 50 克、食用油、水拌匀。

7. 将搅拌好的面糊倒入已剪口的裱花袋，把馅料挤入饼干坯，八分满即可，表面撒杏仁片。

8. 烤箱预热，将杏仁挞放入烤箱中层，以 180℃烘烤 15 分钟，再转 160℃烤 5 分钟至表面金黄。

9. 出烤箱后表面刷透明果胶，撒糖粉装饰即可。

> **家庭烘焙要领**
>
> 捏制挞皮时，需要底部略薄，周围略厚。面糊挤入模具要保持厚薄均匀，且不宜太满。

113

酥皮蛋挞

原料：

水皮：面粉 500 克，鸡蛋 1 只，
糖 50 克，猪油 25 克，
水 250 毫升

油心：牛油 300 克，猪油 500 克，
面粉 400 克

馅料：鸡蛋 500 克，糖 250 克，
水 500 毫升

制作方法

1. 油心制作：面粉开窝，放入牛油、猪油，搅拌均匀成为油心。

2. 水皮制作：面粉开窝，放入糖、鸡蛋、猪油和匀，加入水，拌入面粉，搓至纯滑成水皮。

3. 酥皮的制作：油心和水皮分别用盆装好，放入冰箱冷却结实，取出后用擀面棍擀成日字形。

4. 把油心叠在水皮上，用水皮包住油心，擀薄。

5. 对折，然后再放入冰箱中冷却结实。

6. 取出后再擀开，重复步骤5，做成酥皮。

7. 馅料的制作：把糖和水煮沸至糖溶化，冷却。

8. 把鸡蛋打散，加入冷却后的糖水，混合后过滤即成蛋挞水。

9. 把酥皮擀薄，用圆形印模印出蛋挞皮。

10. 把蛋挞皮放入挞盏中捏好，排放入烤盘中。

11. 把蛋挞水倒入盏中，约八分满即可，入烤箱，以上火230℃、下火300℃的炉温烘烤10分钟，烘烤至九成熟即可。

可可蛋挞

原料

水皮：面粉 500 克，鸡蛋 50 克，糖 50 克，猪油 25 克，水 150 毫升

油心：牛油 300 克，猪油 500 克，面粉 400 克

馅料：鸡蛋 500 克，糖 250 克，水 500 毫升，可可粉 30 克

制作方法

1. 油心制作：面粉开窝，放入牛油、猪油，搅拌均匀成为油心。

2. 水皮制作：面粉开窝，放入糖、鸡蛋、猪油和匀，加入水，拌入面粉，搓至纯滑成水皮。

3. 酥皮的制作：油心和水皮分别用盆装好，放入冰箱冷却结实，取出后用擀面棍擀成日字形。

4. 把油心叠在水皮上，用水皮包住油心，擀薄。

5. 对折，再次放入冰箱中冷却结实。

6. 取出后再擀开，重复步骤 5，做成酥皮。

7. 馅料的制作：糖加入水中煮制溶化成糖水，冷却，把可可粉和冷却的糖水混合。

8. 把鸡蛋白打散，加入可可糖水里面，搅匀。

9. 用网格把蛋挞水过滤一下。

10. 把酥皮擀薄，用圆形印模印出蛋挞皮。

11. 把皮放入蛋挞盏中捏好，排放入烤盘中。

12. 把馅倒入盏中，约八分满即可，入烤箱以上火 230℃、下火 300℃的炉温烘烤 10 分钟，烘烤至九成熟即可。

家庭烘焙要领

糖水必须完全冷却后才能加入可可粉。如果想做出的蛋挞更加美味，可以在蛋挞水中加少许炼乳。

椰挞

原料：

挞皮： 低筋面粉 130 克，高筋面粉 15 克，黄油 100 克，细砂糖 20 克，鸡蛋 15 克

馅料： 椰蓉 25 克，细砂糖 20 克，低筋面粉 8 克，吉士粉 1.5 克，黄油 5 克，鸡蛋 50 克，牛奶适量

制作方法

1. 取黄油 20 克，与挞皮材料中全部低筋面粉、高筋面粉、细砂糖过筛混合。

2. 加入鸡蛋一起混合，揉搓成均匀光滑的面团。

3. 将面团用保鲜膜包好，然后放入冷藏室饧发 30 分钟。

4. 取剩余黄油，放在保鲜膜上，切成薄片，然后将其包好。

5. 用擀面杖将包好的黄油擀成薄片，并使其厚度均匀，放入冷藏室。

6. 将饧好的面团取出，擀开，并擀成长方形的面片，把备好的黄油片放在面皮中。

7. 折拢面皮，将黄油包牢，防止黄油外漏。

8. 把包入黄油的面皮擀成长方形，然后由两边向中间对折两次，再顺着折痕擀压，重复 3 次。每次折叠后要冷藏 1 小时再擀。

9. 将面片再次擀开，大约擀成 0.5 厘米厚的面片。

10. 将面片沿着长的方向卷成一个筒状，盖上保鲜膜，放冰箱冷藏 15 分钟。

11. 将面筒取出，切成厚 1 厘米左右的小块，切好的小块两面都粘上低筋面粉，放到挞模底部（挞模里也最好撒点干面粉），用两个大拇指将其捏成挞模形状。

12. 鸡蛋加糖打至糖溶化，然后加入椰蓉、低筋面粉、牛奶、吉士粉、熔化的黄油，拌匀即可。

13. 将拌匀的椰子馅填入挞皮中，压紧，约八分满即可。

14. 烤箱预热，上下火 200℃全开，将椰挞放入烤箱中层，烤 30 分钟左右即可。

> **家庭烘焙要领**
>
> 挞皮需要饧发 20 分钟后再装入馅料，可以防止烘烤的时候挞皮回缩。
>
> 如果烘烤的过程中表面上色过快，就在椰挞表面盖上一张锡纸。如果烘烤好后椰挞底部不酥脆、很软，可以脱模后放在烤箱下层用 170℃再烤 5 分钟。

比利时奶挞

原料：

挞皮：奶油 200 克，糖粉 100 克，盐 2 克，鸡蛋 60 克，低筋面粉 380 克

馅料：米饭 200 克，水 500 毫升，糖 120 克，鸡蛋 120 克，鸡蛋黄 30 克，鲜奶 500 毫升，
酥油 80 克，即溶吉士粉 80 克

制作方法

1. 将奶油、糖粉、盐混合拌至奶白色。

2. 分次放入鸡蛋拌至均匀。

3. 放入低筋面粉拌透。

4. 面粉成团后用保鲜膜包好，饧发 5 分钟。

5. 将已饧好的面团擀开，用酥棍压薄。

6. 用圆形模具压出饼胚。

7. 捏入挞模成形，然后放入烘烤箱烤成浅金
黄色。

8. 将米饭、水混合加热煮成粥糊状。

9. 加入糖拌至糖溶化。

10. 离开热源，加入鸡蛋、鸡蛋黄、鲜奶、酥油、
即溶吉士粉拌匀成馅料。

11. 将馅料加入已预烤的挞模内，入烤箱后用
上火 160℃、下火 130℃烘烤 25 分钟左右即可。

> **家庭烘焙要领**
>
> 挞皮可以事先烤至八成熟，
> 也可以跟馅料一起烤制，如果事
> 先烤，可以在上面堆放些黄豆、
> 绿豆或耐烤石等东西，可防止塔
> 皮鼓起变型。

新奥尔良比萨

原料:

比萨饼: 高筋面粉 150 克,低筋面粉 50 克,水 100 毫升,黄油 20 克,细砂糖 15 克,糖粉 15 克,干酵母 5 克,盐 5 克,奶粉 12 克,鸡蛋黄 20 克

比萨酱: 番茄酱 80 克,洋葱末、蒜末、高汤、黑胡椒粉、水淀粉、黄油、盐、香草、奥尔良烤鸡粉各适量

其 他: 火腿肠片 80 克,鸡腿肉片 100 克,青椒丝、洋葱丝、马苏里拉奶酪各适量

制作方法

1. 高筋面粉、低筋面粉、奶粉、盐、细砂糖、糖粉过筛后倒入打蛋桶;干酵母加入水中搅拌至溶化。

2. 将酵母水、熔化的黄油、打散的鸡蛋黄加入面粉桶中,开动打蛋器,搅打 2 分钟,关机,用筷子聚拢,再打两分钟,再关机,重复 3 ~ 4 次,约搅打 10 分钟。

3. 取出面团,加少量干面粉揉至光滑不粘手,静置 10 ~ 20 分钟,再揉一次。

4. 盖上保鲜膜,发酵 2 小时,取出排气,重新揉圆,盖上湿布,饧发 20 ~ 25 分钟即成比萨饼。

5. 碗内放黄油、蒜末、洋葱末、高汤搅匀,再加入番茄酱、盐、香草、奥尔良烤鸡粉、水淀粉搅拌,倒入黑胡椒粉搅匀,即成比萨酱。

6. 比萨饼放入烤盘,将比萨酱均匀地涂抹在比萨饼上。

7. 撒上切好的马苏里拉奶酪,均匀地铺上火腿肠片、鸡腿肉片、青椒丝和洋葱丝。

8. 撒上一层马苏里拉奶酪。

9. 烤箱预热后,放入上火 200℃、下火 200℃的烤箱烤 30 分钟即可。

> **家庭烘焙要领**
>
> 比萨面团发酵时间要足够久,面粉、盐、糖搅拌要足够均匀。如果将鸡腿去骨、切片后,再放少许食用油,新奥尔良烤鸡肉料一起腌制 4 小时或是过夜,在烤比萨时会更易入味。

海鲜比萨

原料：

比萨饼：高筋面粉150克，低筋面粉50克，水100毫升，黄油20克，细砂糖15克，糖粉15克，
干酵母5克，盐5克，奶粉12克，鸡蛋黄20克

比萨酱：番茄酱80克，洋葱末、蒜末各30克，高汤60毫升，黑胡椒粉2克，水淀粉20毫升，
黄油10克，盐、香草、奥尔良烤鸡粉各适量

其他：香菇片50克，鲜虾200克，青椒丝20克，洋葱丝50克，马苏里拉奶酪50克

制作方法

1. 高筋面粉、低筋面粉、奶粉、盐、细砂糖、糖粉过筛后倒入打蛋桶；干酵母加入水中搅拌至溶化。

2. 将酵母水、熔化的黄油、打散的鸡蛋黄加入面粉桶中，开动打蛋器，搅打2分钟，关机，用筷子聚拢，再打两分钟，再关机，重复3~4次，约搅打10分钟。

3. 取出面团，加少量干面粉揉至光滑不粘手，静置10~20分钟，再揉一次。

4. 盖上保鲜膜，发酵2小时，取出排气，重新揉圆，盖上湿布，饧发20~25分钟即成比萨饼。

5. 碗内放黄油、蒜末、洋葱末、高汤搅匀，再加入番茄酱、盐、香草、奥尔良烤鸡粉、水淀粉搅拌，倒入黑胡椒粉搅匀，即成比萨酱。

6. 鲜虾去沙线、头，取虾仁。

7. 比萨饼放入烤盘，将比萨酱均匀地涂抹在比萨饼上。

8. 撒上切好的马苏里拉奶酪，均匀地铺上香菇片、虾仁、青椒丝和洋葱丝。

9. 撒上一层马苏里拉奶酪。

10. 烤箱预热后，放入上火200℃、下火200℃的烤箱烤20分钟即可。

家庭烘焙要领

将虾须和虾头上端的呈锯齿状的额剑剪去，用牙签将尾部的沙线挑断，再用牙签轻轻地从虾头处先挑出沙线，然后去除头部的沙包，最后用清水将虾逐个洗净，沥干水分即可。

黑椒牛肉比萨

原料：

比萨饼： 高筋面粉 150 克，低筋面粉 50 克，水 100 毫升，黄油 20 克，细砂糖 15 克，糖粉 15 克，干酵母 5 克，盐 5 克，奶粉 12 克，鸡蛋黄 20 克

比萨酱： 番茄酱 80 克，洋葱末、蒜末、高汤、黑胡椒粉、水淀粉、黄油、盐、香草、奥尔良烤鸡粉各适量

其　他： 牛肉 200 克，青椒丝、洋葱、马苏里拉奶酪、黑胡椒粉、盐、料酒、生抽、味精、糖、淀粉各适量

制作方法

1. 高筋面粉、低筋面粉、奶粉、盐、细砂糖、糖粉过筛后倒入打蛋桶；干酵母加入水中搅拌至溶化。

2. 将酵母水、熔化的黄油、打散的鸡蛋黄加入面粉桶中，开动打蛋器，搅打 2 分钟，关机，用筷子聚拢，再打两分钟，再关机，重复 3 ～ 4 次，约搅打 10 分钟。

3. 取出面团，加少量干面粉揉至光滑不粘手，静置 10 ～ 20 分钟，再揉一次。

4. 盖上保鲜膜，发酵 2 小时，取出排气，重新揉圆，盖上湿布，饧发 20 ～ 25 分钟即成比萨饼。

5. 碗内放黄油、蒜末、洋葱末、高汤搅匀，再加入番茄酱、盐、香草、奥尔良烤鸡粉、水淀粉搅拌，倒入黑胡椒粉搅匀，即成比萨酱。

6. 牛肉洗净，切片，加黑胡椒粉、盐、料酒、生抽、味精、糖，腌 10 分钟，再加入淀粉拌匀。

7. 比萨饼放入烤盘，将比萨酱均匀地涂抹在比萨饼上。

8. 撒上切好的马苏里拉奶酪，均匀地铺上牛肉、青椒丝和洋葱丝。

9. 再撒上一层马苏里拉奶酪。

10. 烤箱预热后，放入上火 200℃、下火 200℃的烤箱烤 20 分钟即可。

> 牛肉的纤维组织较粗，结缔组织较多，应横切，将长纤维切断，不能顺着纤维组织切，否则不仅没法入味，还不易嚼烂。

家庭烘焙要领

水果沙拉比萨

原料

比萨饼： 高筋面粉 150 克，低筋面粉 50 克，水 100 毫升，黄油 20 克，细砂糖 15 克，糖粉 15 克，干酵母 5 克，盐 5 克，奶粉 12 克，鸡蛋黄 20 克

比萨酱： 番茄酱 80 克，洋葱末、蒜末各 30 克，高汤 60 毫升，黑胡椒粉 2 克，水淀粉 20 毫升，黄油 10 克，盐、香草、奥尔良烤鸡粉各适量

其 他： 芒果肉 50 克，菠萝肉 100 克，圣女果 100 克，椰果 60 克，马苏里拉奶酪 50 克

制作方法

1. 高筋面粉、低筋面粉、奶粉、盐、细砂糖、糖粉过筛后倒入打蛋桶；干酵母加入水中搅拌至溶化。

2. 将酵母水、熔化的黄油、打散的鸡蛋黄加入面粉桶中，开动打蛋器，搅打 2 分钟，关机，用筷子聚拢，再打两分钟，再关机，重复 3 ~ 4 次，约搅打 10 分钟。

3. 取出面团，加少量干面粉揉至光滑不粘手，静置 10 ~ 20 分钟，再揉一次。

4. 盖上保鲜膜，发酵 2 小时，取出排气，重新揉圆，盖上湿布，饧发 20 ~ 25 分钟即成比萨饼。

5. 碗内放黄油、蒜末、洋葱末、高汤搅匀，再加入番茄酱、盐、香草、奥尔良烤鸡粉、水淀粉搅拌，倒入黑胡椒粉搅匀，即成比萨酱。

6. 芒果、菠萝、圣女果、椰果分别洗净，切丁。

7. 比萨饼放入烤盘，将比萨酱均匀地涂抹在比萨饼上。

8. 撒上切好的马苏里拉奶酪，均匀地铺上芒果、菠萝、圣女果、椰果，再撒一层马苏里拉奶酪。

9. 烤箱预热后，放入上火 180℃、下火 180℃ 的烤箱烤 15 分钟即可。

> **家庭烘焙要领**
>
> 菠萝皮的肉刺要去干净，削皮切成片后，要放在淡盐水里浸泡 30 分钟，再用凉水浸洗，以去掉咸味。

图书在版编目（CIP）数据

烘焙制作基础/犀文图书编著. — 天津：天津科技翻译
出版有限公司，2014.1
（零基础学烘焙）
ISBN 978-7-5433-3328-4

Ⅰ. ①烘… Ⅱ. ①犀… Ⅲ. ①烘焙－糕点加工 Ⅳ.
① TS213.2

中国版本图书馆 CIP 数据核字 (2013) 第 302333 号

出　　　版：天津科技翻译出版有限公司

出 版 人：刘　庆

地　　　址：天津市南开区白堤路 244 号

邮政编码：300192

电　　　话：（022）87894896

传　　　真：（022）87895650

网　　　址：www.tsttpc.com

策　　　划：犀文图书

印　　　刷：深圳市新视线印务有限公司

发　　　行：全国新华书店

版本记录：710×1000　16 开本　8 印张　80 千字
　　　　　　2014 年 1 月第 1 版　2014 年 1 月第 1 次印刷
　　　　　　定价：29.80 元